中国古典园林图像艺术

（二）风景名胜图像卷

Famous Scenery Image Volume II

inese Classical Garden
aphic Art

许浩 著

辽宁科学技术出版社
沈阳

南京林业大学标志性成果培育项目

目录

上·皇家园林图像卷

中·风景名胜图像卷

下·私家、寺观园林图像卷

第十二章　楼亭台塔图像

恒岳圖
聚仙臺
渾河

第六章

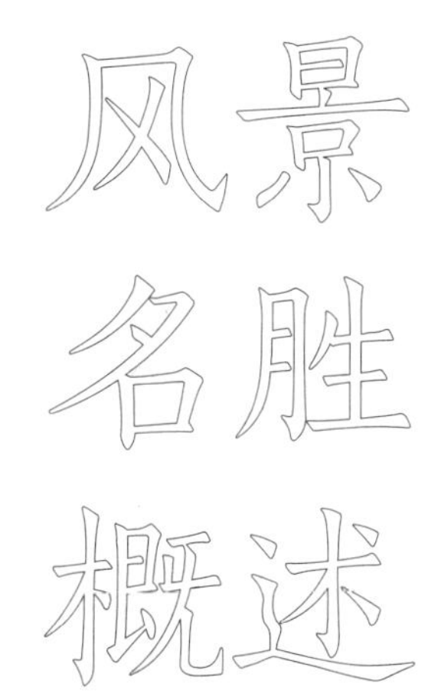

第一节 我国的风景名胜

风景指风光、景色[①]。名胜指著名的风景地。[②]风景名胜即为历史悠久、景色优美、风景资源集中，在历史上或者现在作为人们的游览地，可供欣赏、游憩、娱乐和进行科学、文化活动的场所或者地域。[③]按照风景资源的属性，我国的风景名胜可以分为自然山水类和人文景观类。自然山水类风景名胜是依托名山大川、溪泉湖泊形成的风景名胜。人文景观类是以楼、亭、台、塔、桥等人工建筑物和构筑物为中心形成的名胜。无论是自然山水类，还是人文景观类，风景名胜均属于公共园林。

我国幅员辽阔，山脉众多，山地和丘陵面积占全国陆地面积的三分之二。按照走向划分，可以分为东—西走向、东北—西南走向、西北—东南走向、南—北走向和弧形山脉。东—西走向的山脉主要有三列，自北向南有天山—阴山—燕山山脉、昆仑山—大别山山脉、南岭山系。东北—西南走向的主要山脉有大兴安岭—太行山—巫山—雪峰山山系、千山—山东丘陵—武夷山山脉。西北—东南走向的有阿尔泰山脉、祁连山脉。南—北走向的有贺兰山、六盘山、横断山脉。喜马拉雅山系属于弧形山脉。

山体是在特定的地质环境下形成了基本轮廓。如庐山、华山是断层作用的结果，昆仑山、喜马拉雅山、嵩山、武当山是褶皱作用形成的，黄山、崂山、普陀山则是岩浆作用形成的花岗岩山，雁荡山是流纹岩山，峨眉山等则是玄武岩山。除了地质作用外，风化、侵蚀作用也对山体产生重要的影响。[④]

作为风景名胜的水体主要包括河流、湖泊。我国主要河流有长江、黄河、淮河、珠江、辽河、海河、钱塘江、京杭大运河等，长江、黄河、京杭大运河、钱塘江沿线风光旖旎，且开发较早，城镇众多，人口密集，文化发达，形成了众多的名胜景点。名胜型湖泊主要有杭州西湖与西溪、北京昆明湖、济南大明湖、河南百泉湖、仙游九鲤湖等。这些湖泊均风景秀美，开发较早，人文积淀深厚。

自然山水类风景名胜的形成离不开长期、独特的人文作用。在古代社会，我国逐渐形成了五岳、四大佛教名山、道教名山等。另外，以山水为主题的诗歌、游记广泛流传，历史人物、事件和神话传说也提升了我国山水名胜的社会影响。

---

① 《辞海》编辑委员会：《辞海》，上海：上海辞书出版社，1999年，第581页。
② 《辞海》编辑委员会：《辞海》，上海：上海辞书出版社，1999年，第1484页。
③ 严国泰、韩锋：《风景名胜与景观遗产的理论与实践》，中国园林：2013年第12期，第52—55页。
④ 韩欣：《中国名山》，北京：东方出版社，2005年，第3、11页。

第二节　五岳名山

五岳包括东岳泰山、西岳华山、南岳衡山、北岳恒山、中岳嵩山，据传为神仙所居之处，历代帝王多往祭祀，是我国古代封禅与祭祀文化发展的结果。早在战国时期，齐鲁部分儒士认为泰山最高，帝王应到泰山祭祀，登泰山之巅、筑坛祭天为“封”，在山南梁父山上辟基祭地曰“禅”。[①]秦始皇在泰山最早实行了封禅大典。汉武帝时期首次以五行之说为基础，确定泰山、华山、天柱山、恒山（曲阳）、嵩山为五岳。汉宣帝确定建造祭祀五岳的祠庙，即岳庙。隋文帝时期改南岳为衡山，明代改山西浑源恒山为北岳。[②]

五岳山体高大，具有奇特雄伟的造型，且占地广阔，峰峦众多，植被苍郁，多溪涧瀑布，风景优美，独具特色。五岳祭祀文化是中国传统的重要组成部分，在历史上留存下大量的祠庙、寺观建筑和构筑物，具有无与伦比的艺术价值和文化价值。

---

① 《辞海》编辑委员会：《辞海》，上海：上海辞书出版社，1999 年，第 585、586 页。

② 杨锐，赵智聪，邬东璠：《作为整体的“中国五岳”之世界遗产价值》，中国园林：2007 年第 12 期，第 1—6 页。

第三节　佛教与道教名山

佛教向山岳发展，在山中建造寺院，拜祭修行，延续香火，因此在历史上，我国形成了四大佛教名山的说法。四大佛教名山包括五台山、峨眉山、普陀山和九华山。五台山是文殊菩萨道场，峨眉山是普贤菩萨道场，普陀山是观音菩萨道场，九华山是地藏王菩萨道场。另外，天台山、庐山、雁荡山等也是佛教名山。佛教文化和山岳风景资源相结合，精美的殿阁、佛像、壁画、寺塔、园林形成了具有公共性质的名胜景点。

道教的神仙信仰与山岳具有紧密的关系。在中国古代社会中，山岳往往是神仙居所。在长期发展中，道教依托山水资源，形成了用于修行和拜祭神仙的洞天、宫观。道教典籍中有十大洞天、三十六小洞天、七十二福地。根据唐代《天地宫府图》和《洞天福地岳渎名山记》，洞天福地为名山之间群仙统治之所，或者为上仙统治之处，以及真人得道之所。因此，形成了系统化的道教名山。

十大洞天所在名山依次为王屋山、委羽山、西城山、西玄山、青城山、赤城山、罗浮山、句曲山、林屋山、括苍山。三十六小洞天所在名山依次为霍桐山、东岳泰山、南岳衡山、西岳华山、北岳恒山、中岳嵩山、峨眉山、庐山、四明山、会稽山、太白山、西山、大沩山、潜山、鬼谷山、武夷山、玉笥山、华盖山、盖竹山、都峤山、白石山、勾漏山、九嶷山、洞阳山、幕阜山、大酉山、金庭山、麻姑山、仙都山、青田山、钟山、良常山、紫盖山、天目山、桃源山、金华山。

明代《新镌海内奇观》中所列七十二福地依次为地肺山（终南山）、盖竹山、青屿山、白安山、石磕山、东仙源、青鸣山、郁木洞、赤水山、丹霞洞（麻姑山顶）、君山、焦源、灵墟山（天台山顶）、沃洲、天姥岑、若洞溪、金庭山、马岭山、清远山、洞真墟（长沙县）、清坛、鹅羊山、陶公山、洞真墟（长安）、洞灵源、三皇井、烂柯山、井溪、龙虎山、灵山、日源山（惠州）、逍遥山、阁皂山、始丰山、金精山、白源山（南昌）、钵池山、论山、毛公坛、鸡笼山、桐柏山、平都山、灵应山、彰观山、抱犊山、大面山、虎溪山、元辰山、马迹山、张公洞、玉峰、蓝水、德山、天印山、商谷山、大隐、渔湖、中条山、司马晦山（天台）、绵竹山、甘山、瑰山、金城山、云山、北邙山、武当山、女几山、少室山、百鹿、西白、南田山、玉蟠山。①

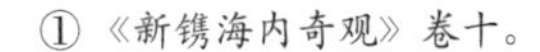

①《新镌海内奇观》卷十。

第七章

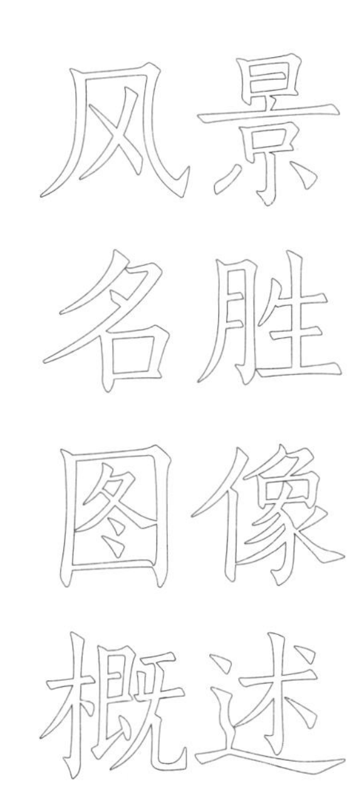

本卷中所收录的风景名胜图像，按照所绘的主题，可分为名山图像、名水图像、名洞名石图像、楼亭台塔图像，共四个类型图像。名山图像包括五岳、四大佛教名山、黄山、庐山、武当山、西樵山、盘山、终南山、太行山、西山、燕山、白岳山、青山、望夫山、天门山、白纻山、景山、龙山、横望山、灵墟山、褐山、赭山、赤铸山、范萝山、荆山、白马山、鹤儿山、马仁山、隐静山、隐玉山、凤皇山、覆釜山、灵山、三华山、天台山、茅山、云台山、包山、浮槎山、青田山、武夷山、点苍山、丫髻山、大伾山、玉屏山、黔灵山、双狮山、酉山、孤山、北高峰、凤凰山、石钟山、罗浮山、青城山、天目山、浮山、麻姑山、从姑山等图像。名水图像包括西湖、大明湖、前湖、百泉湖、西溪、虎跑泉、龙井、六一泉、钱塘江、南池、仙游潭、伊水、九鲤湖、磻溪、桃花源、新安江、三峡的图像。名洞名石图像包括烟霞洞、水乐洞、石屋洞、瑞石洞、紫云洞、黄龙洞、石门洞、瓮子洞、牟珠洞、阿庐三洞、飞云岩、芦溪机岩、采石矶、灵泽矶、坂子矶的图像。楼亭台塔图像包括太白楼、光岳楼、烟雨楼、丰乐楼、甲秀楼、望海楼、岳阳楼、叠嶂楼、黄鹤楼、滕王阁、东皋梦日亭、吴波亭、雄观亭、兰亭、灵台、吹台、平成台、万寿寺戒台、大观台、效劳台、江心双塔、镇海塔、甘露寺铁塔的图像。

图像的材料包括水墨和版刻两大类。水墨类图像主要是元代夏永所绘界画《丰乐楼》和《岳阳楼》、南宋刘松年所绘《四景山水图》卷、明代孙枝的《西湖纪胜图》、明末杨文骢所作《雁宕八景图》、郑旼的《黄山八景》图册、清代王原祁所绘《西湖十景图》卷、钱维城所绘《西湖三十二景图》。其中，《西湖十景图》卷均为独幅横卷设色水墨。《四景山水图》卷为山水小品，共计四幅。《西湖纪胜图》《雁宕八景图》《西湖三十二景图》和《黄山八景》图册均为水墨册页。

夏永（生卒年不详，14世纪中，字明远，钱塘人）擅长宫殿楼阁界画，曾师法王振鹏，所绘界画如《丰乐楼》和《岳阳楼》等图精细至微，且气度高远，表现了宋元时期高超的楼阁建筑技术、装饰技术和界画技法。

刘松年（约1155—1218）是南宋四大家之一，临安（今杭州）人，曾任南宋画院待诏，居住在清波门外。[①]《四景山水图》卷以西湖四季景观为主题，每景一图，画风精巧细润，呈现了南宋时期西湖湖滨的建筑与景观风貌。

孙枝（生卒年不详，字叔达，号华林）是明代吴门画派中人，活跃于苏杭一带，画风受到文徵明的影响。孙枝所绘《西湖纪胜图》为水墨绢本册页，纵32.9厘米，横38.9厘米。《西湖纪胜图》以明代西湖周围景点、寺观为主题，每景一图，共计十四幅图。本卷收录其中的《石屋》《虎跑泉》《烟霞洞》《孤山》，共四幅名胜图像。

杨文骢（1597—1646，字龙友，号山子、雪斋）是明末清初“画中九友”之一，画风受到董其昌影响。其所绘《雁宕八景图》为纸本水墨册页，共计八开，每开一景，主要以雁荡山景点为描绘对象。本卷收录其中四幅图像。

---

① 王璜生、胡光华：《中国画艺术专史》（山水卷），南昌：江西美术出版社，第240、241页。

明末清初安徽歙县人郑旼（？—1683，字慕倩、穆倩，号慕道人）擅长山水画，是新安画派名家，作品多以描绘新安江、黄山一带风景名胜为主题。本卷收录其水墨作品《黄山八景》图册，内含八处黄山代表性名胜的水墨图像。

王原祁（1642—1715，字茂京，号麓台、石师道人）是清初娄东派的领袖，江苏太仓人，以画供奉内廷，曾入职康熙南书房、翰林院侍读学士，主持编纂《佩文斋书画谱》。王原祁画风主要受到黄公望的影响，擅长浅绛山水画。[①]《西湖十景图》卷将以“西湖十景”为核心的西湖风景浓缩于长卷之中，墨色与笔法富于变化。

钱维城（1720—1772，字幼安、宗磐，号纫庵、稼轩，官至刑部侍郎），武进（今江苏常州）人，是乾隆时期内廷画家领袖。钱维城所作《西湖三十二景图》，以清代西湖及其周围三十二处景点为对象，每景一图，共计三十二幅图像，本卷全录。

乾隆时期的翰林画家张若澄（生卒年不详，字镜壑，号默井）绘有《燕山八景》图册，绢本，包括《琼岛春阴》《太液秋风》《玉泉趵突》《西山晴雪》《蓟门烟树》《卢沟晓月》《居庸叠翠》《金台夕照》八幅水墨设色图像，手法较为写实且蕴含笔意，本卷全录。

版刻类图像均为明清类书、方志、图集、游记、传记等的木刻版画插图，主要源于明代《三才图会》《新镌海内奇观》《名山图》，清代《太平山水诗画》《古歙山川图》《鸿雪因缘图记》《钦定热河志》《钦定盘山志》《云台山志》《普陀山志》《关中胜迹图志》《南巡盛典》《西巡盛典》《水流云在图》。

《三才图会》是由王圻、王思义编纂，明代万历年间出版的大型类书，共一百〇六卷，分为天文、地理、人物、时令、宫室、器用、身体、衣服、人事、仪制、珍宝、文史、鸟兽、草木十四个门类。地理部分共有四卷，含有诸多山川、楼观版画。本卷收录其中的《岳阳楼图》《黄鹤楼图》《麻姑山图》《九鲤湖图》《磻溪图》《太白楼图》《叠嶂楼图》。

《新镌海内奇观》刊刻于明万历三十七年（1609），由杨尔曾编辑、陈一贯（生卒年不详）绘图，武林夷白堂出版。该书共计十卷，含有大量关于全国各地山川名胜、园林、寺观的版画插图。本卷收录其中的《岱宗图》《华岳图》《衡岳图》《恒岳图》《嵩岳图》《黄山图》《匡庐山图》《茅山图》《桂海图》《五台山图》《迎恩宫图》《遇真宫图》《玉虚宫图》《五龙宫图》《紫霄宫图》《南岩宫图》《太和宫图》《太和山宫观总图》《三峡图》《峨眉山图》《岳阳楼图》《从姑山图》《麻姑山图》《滕王阁图》《九鲤湖图》《武夷山图》《大龙湫》《剪刀峰》《双峰寺》《石梁寺》《灵岩寺》《净明寺》《真济寺》《灵峰寺》《天柱寺》《药岩寺》《瑞鹿寺》《石门寺》《罗汉寺》《普门寺》《飞泉寺》《古塔寺》《凌云寺》《本觉寺》

① 王璜生、胡光华：《中国画艺术专史》（山水卷），南昌：江西美术出版社，第528页。

《能仁寺》《宝冠寺》《补陀洛伽山图》《浮山图》《西山图》《孔林图》《点苍山图》《白岳图》。

崇祯六年（1633）墨绘斋刊行的《名山图》一书中收录有山水版画插图五十五幅，由郑千里、吴左千、赵文度、杜士良、陈路若、黄长吉、蓝天叔、孙子真、刘叔宪仿照旧志绘图。本卷收录其中的《泰岳》《华岳》《衡岳》《恒岳》《嵩岳》《黄山》《匡庐》《雁宕》《龙湫》《五台》《峨眉》《九华》《武当》《盘山》《太行》《燕山》《白岳》《茅山》《包山》《浮槎山》《石门》《武夷》《点苍山》《石钟山》《罗浮》《青城山》《天目》《九峰三泖》《三峡》《阿庐三洞》《飞云岩》《岳阳》。

清初安徽太平府辖有当涂、芜湖、繁昌三地，区内山清水秀、风光秀丽，有众多的风景名胜。《太平山水诗画》是记录太平府三地山水名胜的木刻版画园林图像集。该图画集刊刻于顺治年间，由怀古堂刊印，清初著名画家萧云从（1596—1673，字尺木，号默思）绘制画稿，徽人刻工汤尚、汤义、刘荣等镌刻。全图集包括太平山水全图一幅，描绘当涂名胜的有十五幅，芜湖名胜的有十四幅，繁昌名胜的有十三幅图版，本卷收录其中的《青山图》《望夫山图》等山岳图像二十四幅，以及《雄观亭图》等三幅名亭图像。

歙县为徽州府治所，县域范围内有黄山、白岳等众多的风景名胜。乾隆年间，阮溪水香园刊刻的《古歙山川图》，是关于歙县山川名胜的图像集。该图集图版为双页连式，由清前期著名画家吴逸勾绘底稿，笔法以模仿前人为主，但不失生动。本卷收录其中的《东山》《问政山》《新安江》《黄山》等山水图像十二幅。

清代裘琏编纂有《南海普陀山志》，内有多幅普陀山风景和寺观版画插图。本卷收录其中的《普陀洛迦山》《短姑圣迹》《佛选名山》《两洞潮音》《千步金沙》《华顶云涛》《梅岑仙井》《朝阳涌日》《磐陀夕照》《法华灵洞》《光照雪霁》《宝塔闻钟》《莲池夜月》，共计十三幅图像。

云台山位于江苏连云港东北，是当地名胜。乾隆年间崔应阶编纂的《云台山志》中收录有二十四幅山水版画，分别为《凤凰城图》《当路村图》《大义村图》《清风顶图》《小村图》《新县村图》《诸韩村图》《万金湖堰图》《平山村图》《墟沟城图》《西石村图》《东山村图》《高公岛图》《宿城村图》《诸曹村图》《隔峰村图》《诸麻村图》《渔湾图》《东磊图》《山东村图》《凌洲村图》《关中村图》《水流村图》《诸吴村图》。这些版画均以云台山城村命名，所绘均为城村周边的云台山风景。

乾隆在位期间，曾于乾隆十六年、二十二年、二十七年、三十年、四十五年、四十九年六次南巡，目的在于视察河工水利、体察风土人情、选拔人才、督察吏治、笼络地方，从而加强清廷对江南地区的控制。乾隆三十五年，两江总督高晋主持编纂了《南巡盛典》，详细记载了乾隆前四次南巡山东、江浙的情况。全书共一百二十卷，分为恩纶、天章、蠲除、河防、海塘、祀典、褒赏、名胜等篇，附有大量的木刻版画插图。其中《名胜》篇由画家上官周等主持绘图，描绘了直隶、山东、江苏、浙江南巡沿线的名山大川、园林名胜、寺庙道观和行宫别墅，共计一百五十五幅图像。本卷收录其中的《泰岳》《红门》《玉皇庙》《朝阳洞》《岱顶行宫》《南池》《浙江秋涛》《梅林归鹤》《韬光观海》《北高峰》《六和塔》《虎跑泉》《水乐洞》《瑞石洞》《黄山积翠》《龙井》《凤凰山》《六一泉》《烟雨楼》《苏堤春晓》《曲院风荷》《平湖秋月》《断桥残雪》《柳浪闻莺》《花港观鱼》《雷峰西照》《双峰插云》《三潭印月》《太白楼》《光岳楼》《郊劳台》《卢沟桥》《永济桥》，共计三十三幅名胜图像。

乾隆四十一年（1776），陕西巡抚毕沅（1730—1797，字缥蘅、弇山，号秋帆）编纂《关中胜迹图志》，后被著录入《四库全书》。该图志共有三十卷，以州府分篇，各篇又分地理、名山、大川、古迹四目，是乾隆时期陕西地区的地理资料集。①图志中的版刻插图呈现了陕西的山川名胜和宫城寺庙的景观风貌。本卷收录其中的名胜图像，包括《华岳图》《终南山图》《南五台图》《楼观图》《仙游潭图》《龙门》，共计六幅图像。

西樵山是南粤名山、著名的传统文化中心。在西樵山的众多史料文献之中，乾隆年间刊刻的《西樵游览记》是记录当地风景名胜、人文历史的重要历史典籍。该书为清代刘子秀所著，黄亨、谭药晨刊补，乾隆五十五年（1790）首次刊刻，道光十三年（1833）刊刻补本。全书包括《名胜上》《名胜下》《峰峦》《岩洞》《溪泉》《台石》《院馆》《山村》《古迹》《名贤》《物产》《艺文上》《艺文下》《杂事》，共计十四卷。其中，《名胜上》与《名胜下》两卷为全书总纲，内附《西樵全图》《大科峰图》《东四峰图》《云谷图》《南四峰图》《玉廪峰图》《天字镇图》《浦口峰图》，共计八幅木刻山岳插图。另有《狮子洞图》《喷玉岩图》《宝林洞图》《九龙洞图》《凤皇台图》《烟霞洞图》《锦岩图》《广朗洞图》《白云洞图》《石泉洞图》《观翠岩图》《碧玉洞图》《三叠瀑图》《宝鸭池图》，所绘皆为西樵山的洞窟、奇石、瀑布、池塘、书院等景点，本卷全录。

山西五台山是避暑胜地、四大佛教名山之一。乾隆、嘉庆均西巡五台山。嘉庆年间，董诰等在《钦定清凉山志》的基础上编修《西巡盛典》，由武英殿刊行。该书共计二十卷，《程途》等部分章节附有版刻图绘，描绘了五台山的名胜景观和寺观建筑。②本卷收录其中《东台顶》《西台顶》《南台顶》《北台顶》《中台顶》，共五幅名胜图像。

盘山被誉为“京东第一山”，有“五峰三盘”之胜景，多寺院，清代在此建有盘山行宫。蒋溥编纂、乾隆三十五年刊行的《钦定盘山志》中收录有多幅盘山风景名胜和寺观的木刻版画插图。本卷收录其中《天成寺》《舞剑台》《紫盖峰》等，共计二十四幅图像。

《鸿雪因缘图记》刊刻于道光二十七年（1847），为内务府旗人完颜氏麟庆（1791—1846，字伯余、振祥，号见亭）编纂。麟庆家族为清廷内务府世家，麟庆自小随其父和祖父走南闯北，其出仕后足迹遍于大江南北。《鸿雪因缘图记》主要是记录其宦海经历，其中的木刻插图呈现了其一生游历的名胜与寺院。本卷收录其中的《海岳浴日》《后坞养云》《石峪拓经》《始信觇松》《云门拄杖》《朱泉涤俗》《慈光问径》《韬光踏翠》《白岳祈年》

---

①［清］毕沅撰，张沛校点：《关中胜迹图志》，西安：三秦出版社，2004年，第1—3页。
② 翁连溪编著：《清代宫廷版画》，北京：文物出版社，2001年，第15页。

《中盘纪石》《剑台品松》《石梁悬瀑》《天成访医》《云罩登峰》《黔灵验泉》《丫髻进香》《大伾观河》《赤城餐霞》《玉屏问俗》《狮岩趺坐》《西山鼓棹》《平安就日》《西溪巡梅》《明湖放棹》《苏门咏泉》《桃谷奉舆》《桃源问津》《钱塘观潮》《南池志喜》《伊阙证游》《六桥问柳》《机岩志异》《采石放渡》《明月证经》《飞云揽胜》《牟珠探洞》《津门竞渡》《石门跃鲤》《兰亭寻胜》《甲秀赏秋》《平成济美》《戒台玩松》《吹台访古》《大观醉雪》《铁塔眺远》《六合避险》《永嘉登塔》，共计四十七幅名胜图像。

清末沈介眉编撰的《天下名山图咏》，辑录了各省名山版画图，并采取图文并茂的形式，以文字阐述名山概况。本卷收录其中的《东岳泰山》《西岳华山》《南岳衡山》《北岳恒山》《中岳嵩山》《普陀山》《峨眉山》《九子山》《武当山》《盘山》《终南山》《西山》《太行山》《燕山》《天台山》《茅山》《武夷山》《点苍山》《大伾山》《龙门山》《罗浮山》《青城山》《天目山》《九峰》《浮渡山》《采石矶》，共计二十六幅图像。

晚清直隶总督陈夔龙（1857—1948，字筱石，号庸庵、花近楼主）[①]曾请人绘制《水流云在图》，以上图下文的形式，呈现其一生传奇经历。其中的版画插图绘制精美，刻画细腻，逼真客观，表现了其游历的山川园林景观风貌。本卷收录其中的《钱塘观潮》《桃源佳致》《灵隐探云》《净慈礼佛》《飞云题石》《岳阳登楼》六幅图像。

① 侯清泉：《清末直隶总督陈夔龙》，贵阳文史：2006 年第 1 期，第 10、11 页。

第八章

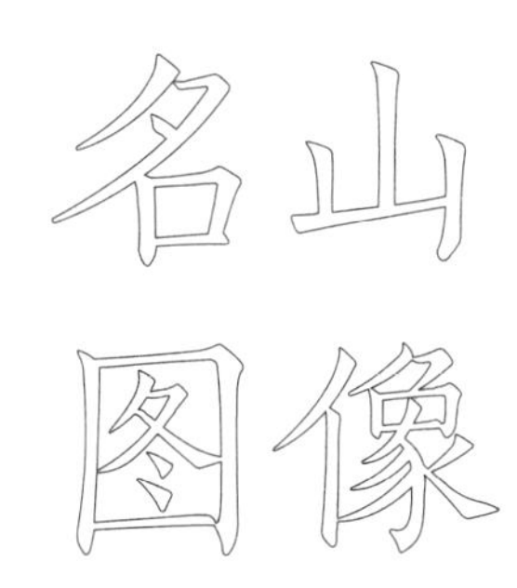

第一节　泰山图像

泰山，又称为泰岳、岱山、岱岳、岱宗，在五岳名山中列为东岳，是五岳之首。泰山山体由花岗岩、变质岩等构成，共有山峰150余座，主峰为玉皇顶，以山势雄伟著称。泰山是历代帝王封禅之山，自秦始皇创设封禅体制以来，有十二位皇帝来泰山封禅。山中有玉皇观、碧霞祠、岱庙等寺观建筑。①

明代万历年间《新镌海内奇观》中有《岱宗图》。图中，日观峰、月观峰拔地而起，屹立于云海之上，月观峰下有黄岘岭。磴道从下向上依次经过一天门、二天门、三天门，一天门后面有石经峪、马棚崖，二天门两侧为仙人影、王母池，崖壁之中为朝阳洞。山顶有秦封禅台、无字碑、天妃庙。云海前方、画面下部有一方城池（图8-1-1）。

明末《名山图》中有《泰岳》一图。图中以白描勾线手法绘制的山体位于画面中部，山腰云雾缭绕，山崖之间隐约可见曲折的磴道。磴道通向山顶的一组寺观建筑群（图8-1-2）。

乾隆年间《南巡盛典》中有五幅泰山图像。其中，《泰岳》一图按照山岳图的模式，清晰地表现了泰山主峰的地势山形，标注的重要人工景观有行宫、碧霞宫、御碑、南天门、西天门、东天门、东岳殿、养云亭、三大士殿、万丈碑、金星亭、玉皇庙、壶天阁、万仙楼、红门、周明堂、九女寨、竹林寺、眼明殿、青帝观、关帝庙，自然景观有丈人峰、玉皇顶、日观峰、月观峰、白云洞、十八盘、朝阳洞、五大夫松、大龙峪、百丈崖、仙人影、经石峪、王母池、吕公洞（图8-1-3）。

红门位于关帝庙与万仙楼之间的山道上，是登岱顶的门户。《红门》图中，红门的入口为孔子登临处牌坊，过牌坊后东有佛殿，西有元君殿，路边有茶亭，前有合云亭，中间为阁楼，阁楼底部为拱门。四周多松树，东侧有溪流（图8-1-4）。

玉皇庙位于泰山壶天阁之后。《玉皇庙》图中显示，元君殿位于前，真武殿位于西，庙后为石崖峭壁，庙前为方院，四周植被茂盛，多种有泰山松、竹丛（图8-1-5）。

朝阳洞位于大龙峪与十八盘之间的磴道边，《朝阳洞》图中显示洞口建有三开间的牌坊。附近有元君殿和歇息处，磴道一侧为万丈绝壁，周围植被以松树较多（图8-1-6）。

岱顶行宫位于泰山南天门之上。《岱顶行宫》一图主要描绘了泰山自南天门至碧霞宫的风景，对行宫设施并未做详细的表现。乾隆南巡途中，登泰山拜祭碧霞宫，因此这里是其南巡中重要的一站。图中建筑依山石布置。南天门位于图像左下方，入口为砖砌拱门，城墙上建有两层高的阁楼。南天门后

---

① 刘李振华、李乃杰：《五岳探秘》，济南：山东画报出版社，2007 年，第 23—26 页。

图 8-1-1
[明]《新镌海内奇观》——《岱宗图》

图 8-1-2
[明]《名山图》——《泰岳》

图 8-1-3
[清]《南巡盛典》
——《泰岳》

面为方形的平院，院对面为关帝庙。过关帝庙沿石阶而上，可至行宫的大宫门。行宫右侧山上为碧霞宫所在。碧霞宫为道教圣地，四周以墙体围合，形成完整的道观空间。主体建筑沿着中轴线排列。道观旁另有一处跨院，院内有更衣亭。远处可见探海石、北天门、西天门等山峰巨石。山上多种有泰山松（图8-1-7）。

《鸿雪因缘图记》中有《海岳浴日》《后坞养云》和《石峪拓经》，三图为泰山图像。《海岳浴日》和《后坞养云》两图表现了泰山绝顶日出与云海的景象。《海岳浴日》图中，山体、山峰占据了画面对角线左下部分，峰峦陡峭，云雾飘绕于山峰与松林之间。一条磴道自左下角向右上方延伸，消失于石壁与松林之间，其上方山崖之间可见碧霞元君祠等建筑（图8-1-8）。《后坞养云》图中，视点高远，泰山群峰主要勾勒于画面中部与下部，峰峦之间云海缥缈，遮挡了大部分山体（图8-1-9）。

《石峪拓经》一图展现了经石峪的图景。经石峪为泰山的一处摩崖石刻，位于斗母宫东北。图中，经石峪处于泰山的峪口，四周山崖环绕，沿山坡有大片的石坪，石上以隶书刻有《金刚经》。图中央偏左有一条磴道自石崖中伸出，石壁下建有一座高山流水亭，亭旁有瀑布漫石而下（图8-1-10）。

《天下名山图咏》中有《东岳泰山》（图8-1-11）。

图 8-1-4
[清]《南巡盛典》——《红门》

图 8-1-5
[清]《南巡盛典》——《玉皇庙》

图 8-1-6
[清]《南巡盛典》——《朝阳洞》

图 8-1-7
[清]《南巡盛典》——《岱顶行宫》

图 8-1-8
[清]《鸿雪因缘图记》——《海岳浴日》

图 8-1-9
[清]《鸿雪因缘图记》——《后坞养云》

图 8-1-10
[清]《鸿雪因缘图记》——《石峪拓经》

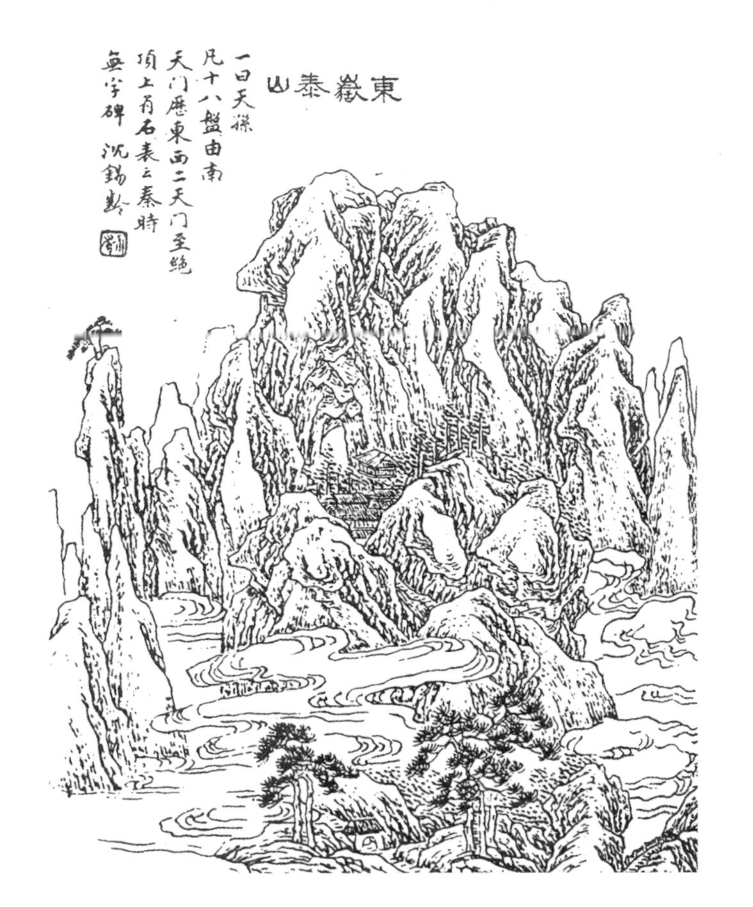

图 8-1-11
[清]《天下名山图咏》——《东岳泰山》

第二节　华山图像

华山为五岳中的西岳，又称为太华山，位于陕西华阴县西南。华山山体高耸，极其险峻，山有五峰，分别为东峰、西峰、南峰、中峰、北峰。东峰又名朝阳峰，西峰又名莲花峰，南峰又名落雁峰，中峰又名玉女峰。《史记》中记载华山为黄帝常游之山。据传老子出函谷关后，在华山隐居，留下诸多遗迹。华山在唐代成为道教名山，玉真公主、金仙公主在云台观出家，陈抟老祖也曾隐居于华山修道。[①]

《新镌海内奇观》中有《华岳图》。图中华山峰岩高耸，直插云霄。山顶标注有西峰（莲花峰）、南峰、东峰，山下有岳庙、云台观、玉泉观、桃林坪。桃林坪后磴道分为两股，一股经过希夷峡、二仙桥，通向车箱岭，另一路过莎萝坪、千尺橦、犁沟，达峰顶天池。千尺幢与车箱岭之间有百尺峡、二仙桥。东峰下面有巨灵掌、毛女峰。远处有白云峰、少华三峰。图中线条粗犷有力，以皴法衬托出山崖的形状（图8-2-1）。

《名山图》中也有《华岳》一图。图中山崖直立，占据了画面大部分，颇有压迫之感。一石崖凌空突出，崖腹下有栈道。图中共有三处宫观建筑群。一处位于突出的崖台上，一处位于画面中部偏下的石壁之间，另一处位于画面左侧崖壁之间。建筑群内外树木较为茂盛，林间有瀑布飞泻而下（图8-2-2）。

《关中胜迹图志》中有《华岳图》，表现了华山的主要景观。图中华山山顶数峰分峙，左侧有白云峰，中间为东峰和西峰，山中多石，山下至山顶大致可分为三条线路。右侧上山磴道自图像右下角的太华山门开始。入山处有西岳庙、山门牌坊，沿着谷间磴道向上依次有王猛台、五里关。五里关被称为“通天第一关”，巨石塞入谷口，形成石门，门下如隧道。其上有桃林坪、云屏坊、希夷峡、希夷殿、云峰谷、洞天坪。洞天坪又称为莎萝坪，原有莎萝庵，庵外石壁高达数十丈，瀑布自石壁倾泻而下。洞天坪上有云台山，四壁孤绝，犹如云台。山侧有长春石室，贞观年间曾有道士杜谦怀居此，号长春先生。云台山可对望焦公崖。山后有猢狲愁、犁牛沟、擦耳岩。猢狲愁又名铁狼崖，崖壁奇峭。媪神洞靠近二仙桥，洞内悬挂有康熙御赐匾额“抱真”。洞上方有斜上山道直通山顶。东峰立于山道之后，崖壁绝峭，峰上有石月半轮。与东峰相对峙的白云峰位于华山东北，是唐代金仙公主修行之处，曾建有白云宫，旁有焦真人石洞。左路自山底向上有朱文公祠、仙宫观、朝元洞、玉泉院、玉泉。玉泉位于张超谷口，泉色如浆，泉旁置玉泉院。张超谷上有卧仙坪、救苦庵、十八盘、回心石、凤凰山、水帘洞、石仙人、西峰。西峰与东峰之间有玉女峰、落雁峰、仰天池、黑龙潭、二十八宿池、镇岳宫。十八盘曲折往复，其上有青柯坪，其西有山峰，名曰北斗坪（图8-2-3）。[②]

《天下名山图咏》中有《西岳华山》，构图与景物与《名山图》中的《华岳》相似（图8-2-4）。

---

① 李振华、李乃杰：《五岳探秘》，济南：山东画报出版社，2007年，第79、80页。
② 《关中胜迹图志》卷十一。

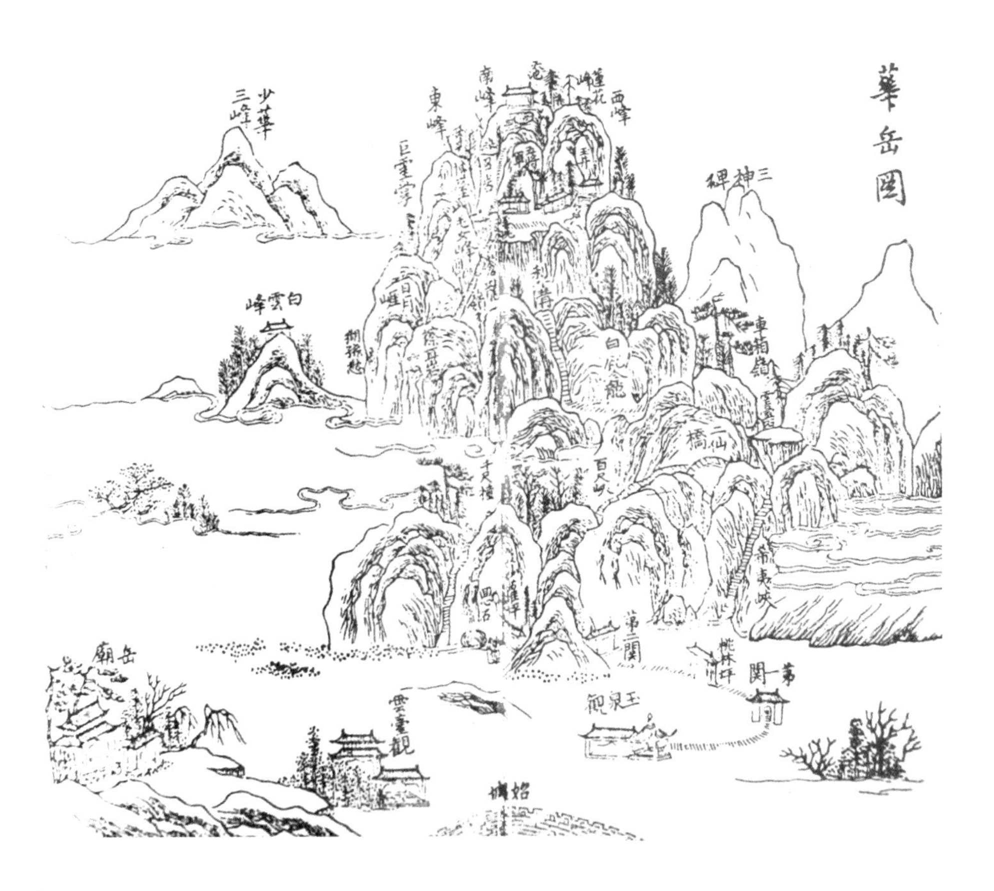

图 8-2-1
[明]《新镌海内奇观》——《华岳图》

图 8-2-2
[明]《名山图》——《华岳》

图 8-2-3
[清]《关中胜迹图志》——《华岳图》

图 8-2-4
[清]《天下名山图咏》——《西岳华山》

第三节　衡山图像

衡山位于长江以南、湘江之滨，在五岳之中列为南岳。衡山山势秀美，山中有七十二峰，尤以天柱峰、紫盖峰、祝融峰、芙蓉峰、石稟峰为代表，山中气候湿润，茂林修竹。衡山是长江以南的道教与佛教名山。魏晋南北朝时期，南岳夫人魏存华在衡山黄庭观修道，创建上清派，并著有《上清经》。禅宗天台宗二祖慧思禅师率弟子南下衡山，建般若寺，传道弘法。禅宗七祖怀让禅师在此开创南派禅宗，衡山遂成为南方禅宗的发祥地。[①]

《新镌海内奇观》中有《衡岳图》。图中，衡山山顶可俯瞰洞庭湖与湘水。山下为岳庙，庙后为胡文定公书院。山麓小山坡后有清泉注入络丝潭，溪流上架玉板桥，桥后为宝善山房。山中磴道通向半山寺，紫盖峰、芙蓉峰、烟霞峰和天柱峰环列于半山寺周围，寺前为香炉峰，寺后有湘南寺。烟霞峰、天柱峰一侧另有石廪峰和云蜜峰。祝融峰为图中最高峰，其一侧为观日峰，另一侧有会仙桥凌空架于两山之间。远处为岣嵝峰、回雁峰、莲花峰（图8-3-1）。

《名山图》中有《衡岳》。图中，衡山山腰云雾弥漫，两股磴道穿过云雾沿山崖盘旋，一条通向会仙桥，一条通向衡山绝顶。云中露出寺观殿宇的殿顶。云雾下方树林密布，泉涧在松间流淌。画面右下角树林之间坐落有一处寺观，建筑布局呈前后多进格局，山门入口与磴道相连。左下角的山坳之间绘有三栋建筑，均为歇山顶（图8-3-2）。

《天下名山图咏》中亦有《南岳衡山》，图中景物基本模仿《名山图》中的《衡岳》（图8-3-3）。

---

① 李振华、李乃杰：《五岳探秘》，济南：山东画报出版社，2007年，第129—136页。

图 8-3-1
[明]《新镌海内奇观》——《衡岳图》

图 8-3-2
[明]《名山图》——《衡岳》

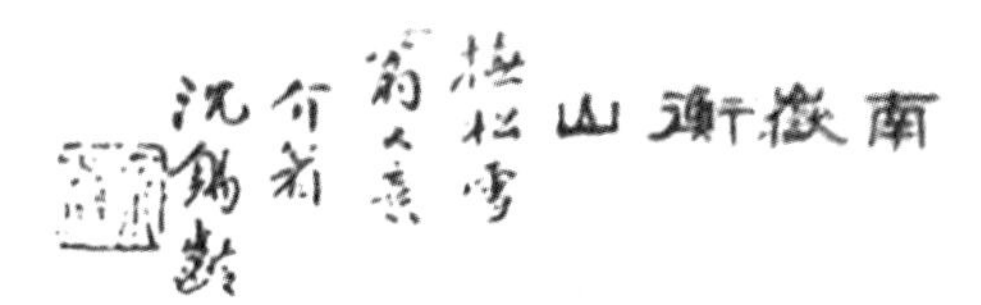

图 8-3-3
[清]《天下名山图咏》——《南岳衡山》

第四节　恒山图像

恒山，古称玄岳，在五岳之中列为北岳，位于山西省浑源县境内。恒山山脉呈西南——北东走向，东接太行山、燕山，西南与管涔、云中山相接，连绵五百余里，是海河支流桑干河与滹沱河的分水岭。由于风化作用，恒山峰峦大多呈锥形，沟谷切割较深，山势奇险。主峰为天峰岭，巍峨挺拔，气势雄伟。恒山自古为帝王巡视祭拜之山，同时也是道教名山，列为道教三十六洞天中的第五洞天，称作总玄洞天。山中有悬空寺等寺观建筑群。[①]

《新镌海内奇观》中有《恒岳图》。图中左上为浑源城，左下为太行山，下为五台山，漳河流淌其间。山中有通玄谷、集仙洞、白云堂、白龙洞、紫芝峪，山顶有聚仙台（图8-4-1）。

《名山图》中有《恒岳》一图。图中，山体起伏，峰峦、云雾相间，苍松分布其间。山下河流环绕，水上架有拱桥。山顶矗立有数座殿阁，磴道在云雾间时隐时现（图8-4-2）。

《天下名山图咏》中有《北岳恒山》（图8-4-3）。

① 李振华、李乃杰：《五岳探秘》，济南：山东画报出版社，2007年，第173页。

图 8-4-1
[明]《新镌海内奇观》——《恒岳图》

图 8-4-2
[明]《名山图》——《恒岳》

图 8-4-3
[清]《天下名山图咏》——《北岳恒山》

第五节　嵩山图像

嵩山，古名外方山，位于河南登封市，北临黄河，西连洛阳，是五岳中的中岳。嵩山属于伏牛山系，由太室山、少室山组成，山势连绵起伏如卧龙，山中共七十二峰，主峰为太室山的峻极峰。嵩山是佛教名山，也是中华文明的发祥地之一。据传黄帝出生于此，并在嵩山一带活动。《诗经》中有描写嵩山的名句“嵩高维岳，峻极于天”。东周时期嵩山被尊为中岳。秦代，山中建有中岳庙，是道教著名的庙宇。佛教传入中国后，北魏孝文帝在少室山山麓建有少林寺，作为印度僧人跋陀译经说法之处。南北朝时期，印度高僧菩提达摩来到少林寺，在此创立禅宗，少林寺成为禅宗祖庭所在。宋代，嵩山南麓建有嵩阳书院，它与睢阳书院、岳麓书院、庐山白鹿洞书院，并称为四大书院，是宋代儒家文化传播的基地。[①]

《新镌海内奇观》中有《嵩岳图》。图中左侧为黄盖峰，左侧为太室山、少室山。黄盖峰与太室山之间为嵩门。山中有甘露台、炼魔亭、三祖庵，山麓有嵩阳宫、少林寺，嵩阳宫前种有三株柏树，称为“汉封三柏”（图8-5-1）。

《名山图》中有《嵩岳》一图。图中，嵩山山势雄伟奇阔。画面左下部山坳之中有一处寺院建筑群，呈中轴对称格局。入口山门开三门洞，轴线上两座主建筑均为重檐歇山顶，寺院内外树木葱郁。山坡背面矗立一座石碑（图8-5-2）。

《天下名山图咏》中有《中岳嵩山》。图中，峰峦高耸、连绵，曲尺状的磴道深入山腹，通向山中数处寺观建筑。少林寺位于山中，寺中有面壁石。图中所绘林木较多，多为松柏（图8-5-3）。

① 李振华、李乃杰：《五岳探秘》，济南：山东画报出版社，2007 年，第 173 页。

图 8-5-1
[明]《新镌海内奇观》——《嵩岳图》

图 8-5-2
[明]《名山图》——《嵩岳》

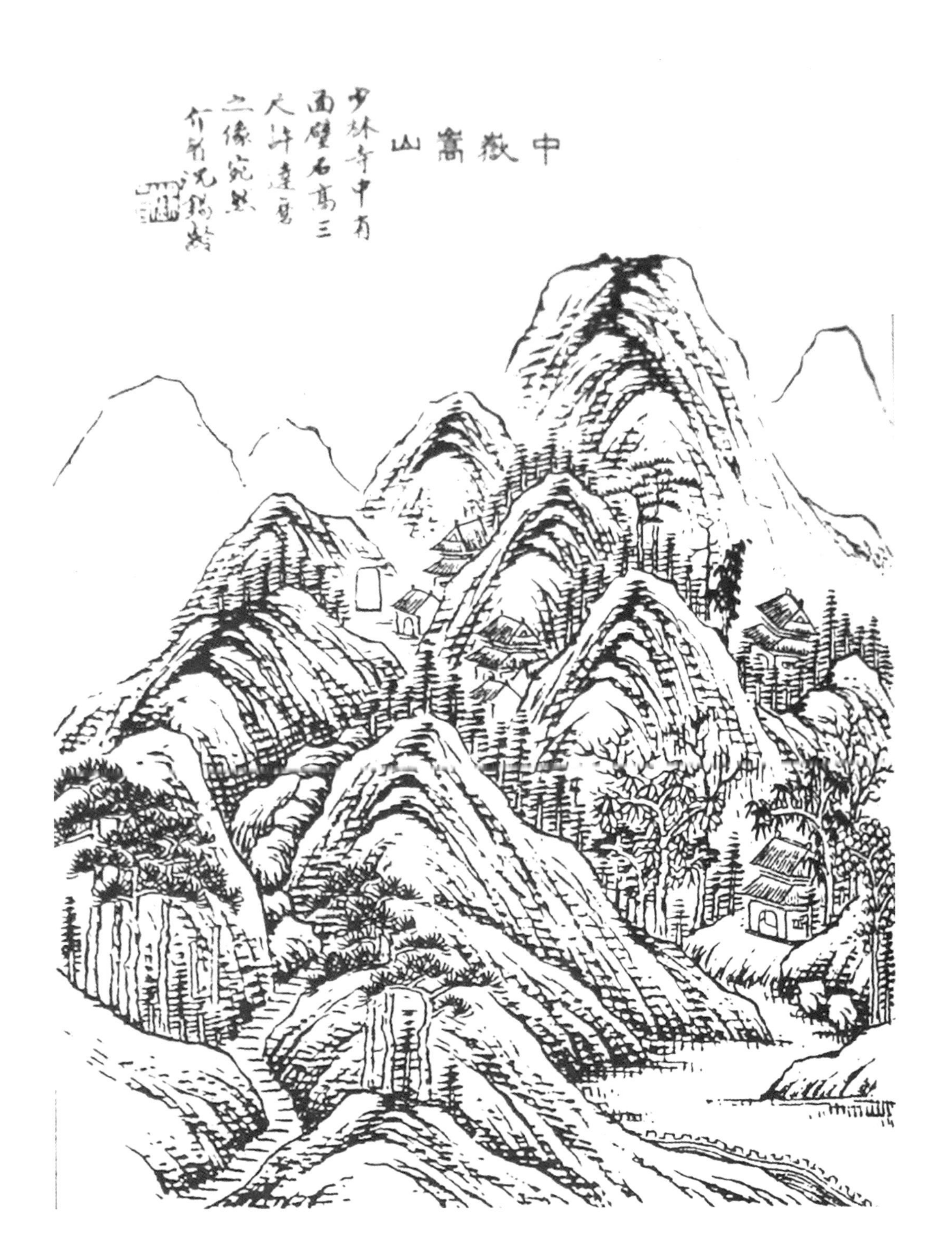

中嶽嵩山
少林寺中有
面壁石高三
尺許達磨
二像宛然

图 8-5-3
[清]《天下名山图咏》——《中岳嵩山》

第六节　黄山图像

黄山位于安徽南部，在太平县、歙县、黟县、休宁县之间，因山岩青黑，古名黟山。黄山，四周均为低山丘陵，唯有黄山屹立拔萃，峰顶突起陡峭，是典型的峰林地貌，主要的山峰有莲花峰、光明顶、炼丹峰、石门峰、天都峰、贡阳山、鳌鱼峰、莲蕊峰、白鹅峰、仙桃峰、玉屏峰、牛鼻峰、鹅掌峰、狮子峰、观音峰、始信峰、石笋峰、浮丘峰、紫云峰、轩辕峰等，以莲花峰为最高。

黄山以奇松、怪石、云海、温泉著称，自古是重要的旅游休闲胜地，李白、范成大、王世贞、丁云鹏、徐霞客等游览黄山，留下诸多诗篇与画作。黄山也是佛教与道教圣地。南朝宋元嘉年间，佛教既已传入黄山，在钵盂峰下建有新罗庵。唐代开元年间志满和尚在白龙潭桃花涧建汤院，中和年间翠微峰下建有翠微寺，明代万历年间建有护国慈光寺。黄山的道观有浮丘观、九龙观、仙都观、升真观等，清代道教在黄山的活动基本消失。①

《新镌海内奇观》中有八幅《黄山图》，依次描绘了黄山三十六峰的景观（图8-6-1-1~图8-6-1-8）。图8-6-1-1自右向左依次为炼丹峰、天都峰、朱砂峰、青鸾峰、钵盂峰、桃花峰、狮子峰。炼丹峰，据传浮丘翁曾在峰顶炼丹。天都峰下有香泉溪，据传与炼丹峰同为群仙会集之所。朱砂峰山峰如刀削，崖壁上有朱砂岩，岩石中含有朱砂，峰下有朱砂洞、朱砂溪，溪涧流入汤泉溪。青鸾峰与天都峰相连，形态如青鸾蹲下，据传黄帝在此采药。钵盂峰形态如覆钵状，峰下有新罗庵、锡杖泉、仙姑洞。桃花峰下有桃花源、桃花溪，山中多种桃花。狮子峰位于朱砂峰西南，形如狮子蹲踞，下有锦霞洞。

图8-6-1-2中绘有紫石峰、叠嶂峰、莲花峰、石人峰。紫石峰中紫石居多，下有汤泉，内含硫黄，名为朱砂汤，可用于治病。宋代在此建灵泉院，后改名为祥符院。叠嶂峰下有石乳滴水岩，溪涧东流入白云溪，再汇入白龙潭，最后流入朱砂溪。莲花峰位于朱砂峰北，下有水帘洞。石人峰位于莲花峰北，山中有驾鹤洞，据传为浮丘公驾鹤处，峰下有白鹿泉。

图8-6-1-3中，绘有仙都峰、上升峰、望仙峰、仙人峰、清潭峰、石柱峰、九龙峰。仙都峰下有仙都源、仙都观。上升峰据传为阮公成仙之处，山中有阮公源、阮公岩、阮溪。望仙峰，据传为黄帝乘龙飞升、群臣拔须坠地之处，山中有龙须岩。仙人峰位于轩辕峰东北，峰顶有两石人，据传为黄帝和浮丘翁所化，山下有仙人洞。清潭峰下有瀑布泻下，峰下有布水源、锦鱼溪。石柱峰位于碁石峰西北，崖壁如同刀削石柱，下有石柱源。九龙峰下有九龙岩、九龙泉、九龙洞、九龙溪、九龙观。

图8-6-1-4中，自右向左依次为云际峰、石床峰、云外峰和芙蓉峰。云际峰位于石人峰西南，峰顶入云霄，下有藏云洞、乳水泉，泉水味甘，流入桃花溪。石床峰位于布水峰东北，峰顶有石床，上有碧石枕。云外峰峰顶拔出云霄，峰顶种有杜鹃，山中有杏花源、杏树林。芙蓉峰位于松林峰西，峰下有白马泉，据传为黄帝游兴之地。

---

①《黄山志》编纂委员会编：《黄山志》，合肥：黄山书社，1988年，第1、2、31—34、214、217页。

图 8-6-1-1
[明]《新镌海内奇观》——《黄山图》之一

图 8-6-1-2
[明]《新镌海内奇观》——《黄山图》之二

图 8-6-1-3
[明]《新镌海内奇观》——《黄山图》之三

图 8-6-1-4
[明]《新镌海内奇观》——《黄山图》之四

图8-6-1-5、8-6-1-6中，依次描绘了飞龙峰、松林峰、紫云峰、丹霞峰和石门峰的景观。飞龙峰峰势峭拔，山中有百花泉、百花洞，有瀑布流入汤泉溪。松林峰位于云外峰以西，峰下有松林溪，种满了松树，有黄连源、石榴岩。紫云峰位于松林峰西北，峰顶弥漫紫云，下有柏木源、榆花溪。丹霞峰峰顶笼罩于丹霞之下，下有丹霞溪。石门峰山半有大石横架，状若石门，下有石门源、石门溪、猿猴岩、狼豹洞。

图8-6-1-7与8-6-1-8中，依次为云门峰、浮丘峰、翠微峰、轩辕峰、容成峰、布水峰、圣泉峰和采石峰。云门峰位于石柱峰南，两峰对峙如门，山腰云雾缭绕，峰下有云门泉、云门溪。浮丘峰位于叠嶂峰西南，峰顶有浮丘坛，山下有浮丘庙、浮丘观，唐代庙毁。浮溪水东南流入曹公溪。翠微峰下有翠微泉、翠微洞、翠微寺、青牛溪、布水源。轩辕峰东连容成峰，峰顶有仙石座，据传为轩辕座处。山中有紫芝泉，山下有仙人洞、紫云溪、仙石室。容成峰位于浮丘峰东，据传为容成子游息之处，山中有容成溪、紫烟泉、容成洞。布水峰位于云门峰西，峰下有百药源、红泉溪。圣泉峰位于九龙峰西南、桃花峰东北，呈上下大、中间小的腰鼓状，峰顶有汤池。采石峰下有白龙岩、白龙泉，瀑布直泻而下。[①]

① [明] 杨尔曾：《新镌海内奇观》第二卷。

图 8-6-1-5
[明]《新镌海内奇观》——《黄山图》之五

图 8-6-1-6
[明]《新镌海内奇观》——《黄山图》之六

图 8-6-1-7
[明]《新镌海内奇观》——《黄山图》之七

图 8-6-1-8
[明]《新镌海内奇观》——《黄山图》之八

图 8-6-2
[明]《名山图》
——《黄山》

《名山图》中有《黄山》一图。图中，黄山峰峦起伏，松树挺拔苍翠。画面中部，山峦环抱之间的平坦地上坐落有一组寺观建筑群。寺院呈合院格局，旁边沟壑之中溪涧流淌，汇入山下的河流中。溪涧上架设有平板桥、拱桥。河流水势湍急，水中磐石密布。岸边有竹林小径，林间露出殿阁屋顶（图8-6-2）。

明末清初新安画派郑旼作有《黄山八景》图册，设色册页。图册采取右图左文的形式，内含八幅描绘黄山名胜的水墨图像，分别为《天门松》《钓台》《莲花峰》《仙桥》《轩辕碑》《九龙潭》《绕龙松》《天都峰》，对页处题有景观名称与相关的诗句，盖有郑旼的钤印“穆倩”（图8-6-3-1~图8-6-3-8）。

图 8-6-3-1
[清] 郑旼《黄山八景》——《天门松》

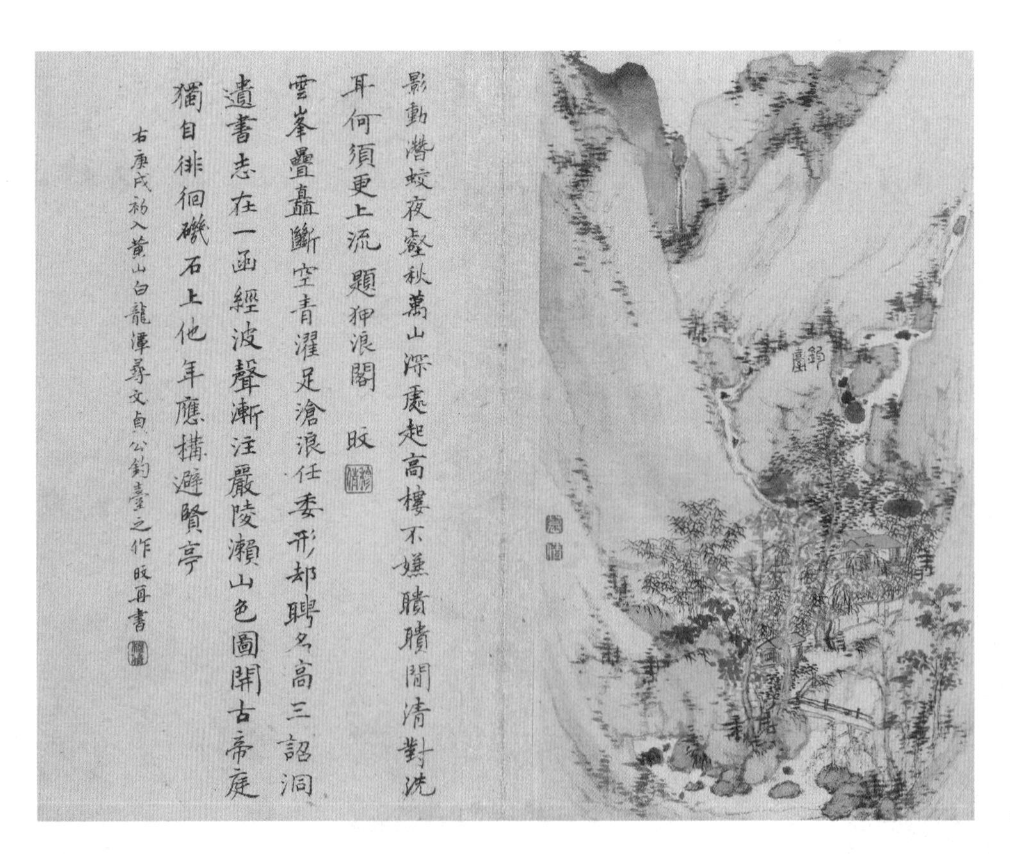

影動潛蛟夜壑秋萬山深處起高樓不嫌賸賸閒清對洗
耳何須更上流 題狎浪閣 旼
雲峯疊矗斷空青濯足滄浪任委形却聘名高三詔洞
遺書志在一函經波聲漸注嚴陵瀨山色圖開古帝庭
獨自徘徊磯石上他年應構避賢亭
右庚戌初入黃山白龍潭尋文貞公釣臺之作 旼再書

图 8-6-3-2
[清] 郑旼《黄山八景》——《钓台》

图 8-6-3-3
[清] 郑旼《黄山八景》——《莲花峰》

图 8-6-3-4
[清] 郑旼《黄山八景》——《仙桥》

图 8-6-3-5
[清] 郑旼《黄山八景》——《轩辕碑》

图 8-6-3-6
[清] 郑旼《黄山八景》——《九龙潭》

图 8-6-3-7
[清] 郑旼《黄山八景》——《绕龙松》

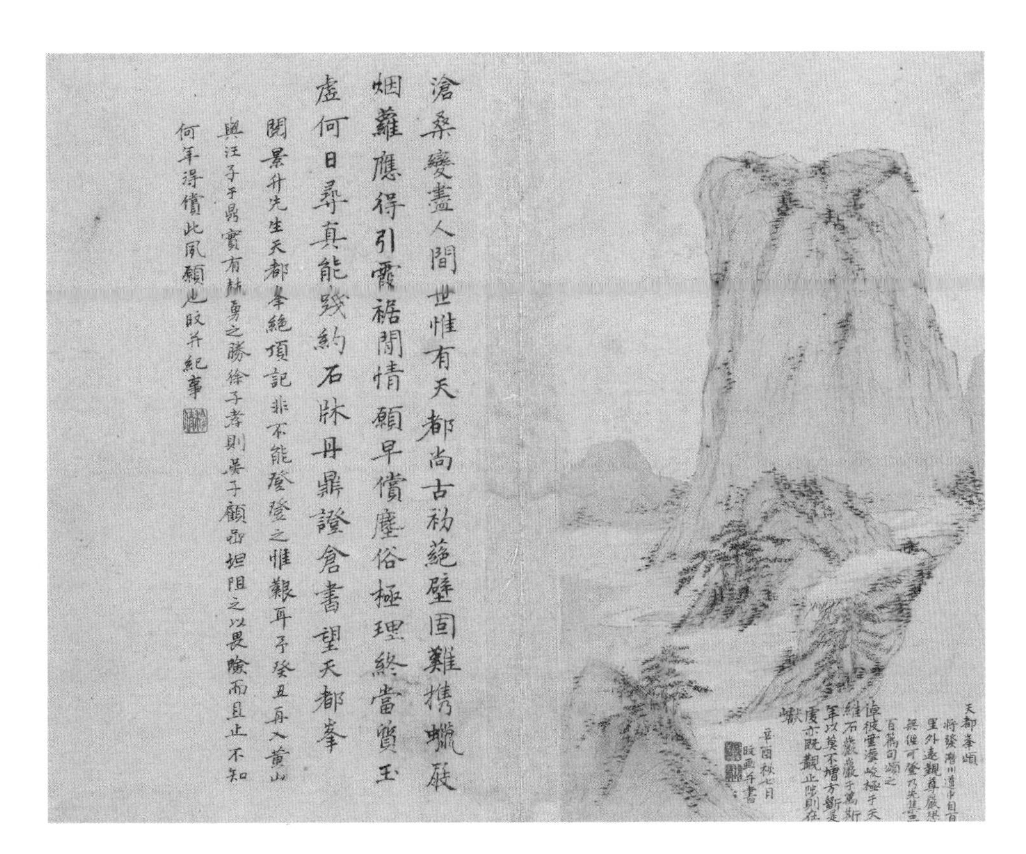

图 8-6-3-8
[清] 郑旼《黄山八景》——《天都峰》

释雪庄绘、康熙年间刊行的《黄山图》中，有《阮溪》《浮丘溪十里梅花》《隔岸望汤池图》《慈光寺》《迎送松》《卧龙松》《文殊院》《天都峰》《莲花峰》《天海》《炼丹峰》《西海之左数峰》《西海之右数峰》《平天矼》《散花坞》《青龙岭望始信峰》《海门》《紫玉屏》《始信峰》《石笋峰》《松谷》《翠微》《圣泉峰》《九龙飞瀑》《掷钵峰》《云谷》《招隐亭》《云舫》《云舫之左数峰》《云舫之右数峰》《云舫面数峰》《云门峰》（图8-6-4-1~图8-6-4-32）。

图 8-6-4-1
[清]《黄山图》——《阮溪》

图 8-6-4-2
[清]《黄山图》——《浮丘溪十里梅花》

图 8-6-4-3
[清]《黄山图》——《隔岸望汤池图》

图 8-6-4-4
[清]《黄山图》——《慈光寺》

图 8-6-4-5
[清]《黄山图》——《迎送松》

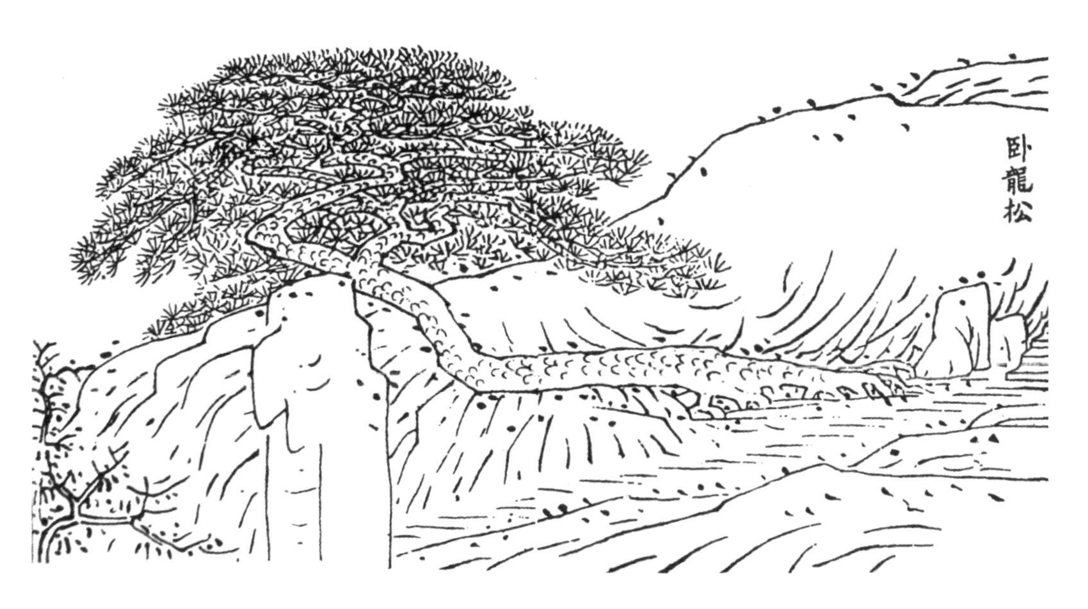

图 8-6-4-6
[清]《黄山图》——《卧龙松》

图 8-6-4-7
[清]《黄山图》——《文殊院》

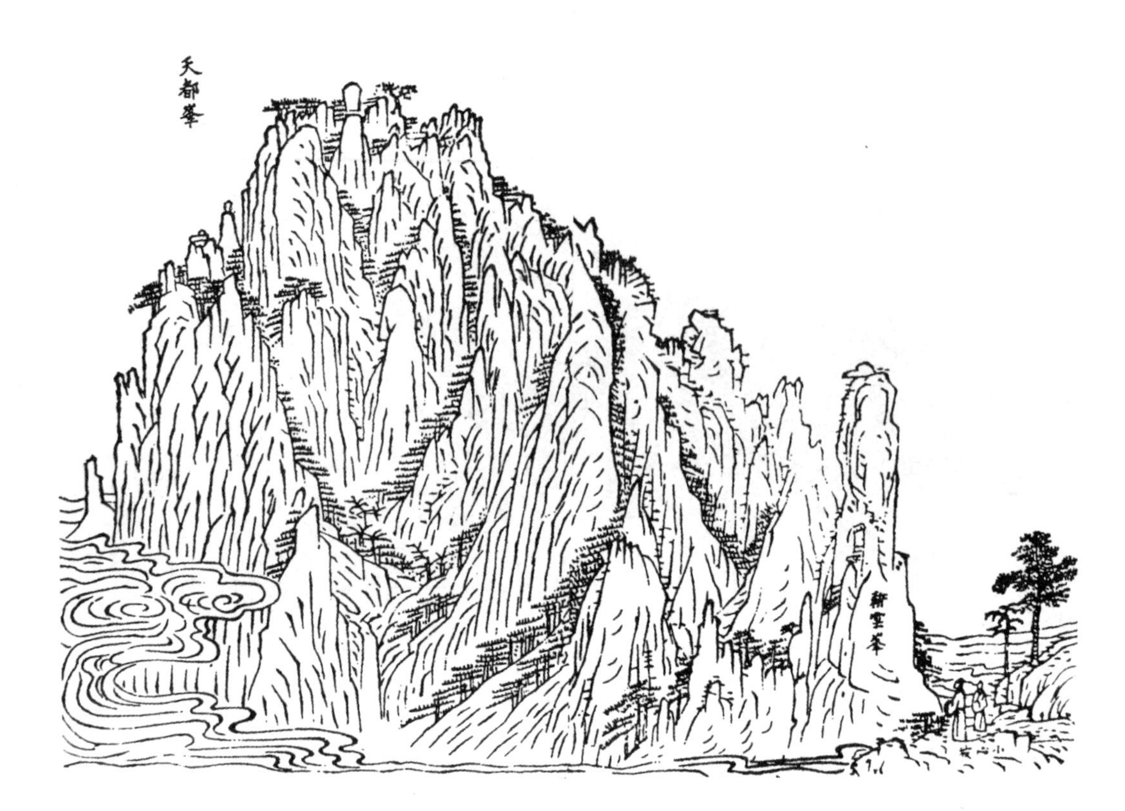

图 8-6-4-8
[清]《黄山图》——《天都峰》

图 8-6-4-9
[清]《黄山图》——《莲花峰》

图 8-6-4-10
[清]《黄山图》——《天海》

图 8-6-4-11
[清]《黄山图》——《炼丹峰》

图 8-6-4-12
[清]《黄山图》——《西海之左数峰》

图 8-6-4-13
[清]《黄山图》——《西海之右数峰》

图 8-6-4-14
[清]《黄山图》——《平天矼》

图 8-6-4-15
[清]《黄山图》——《散花坞》

图 8-6-4-16
[清]《 黄山图 》——《 青龙岭望始信峰 》

图 8-6-4-17
[清]《 黄山图 》——《 海门 》

图 8-6-4-18
[清]《黄山图》——《紫玉屏》

图 8-6-4-19
[清]《黄山图》——《始信峰》

图 8-6-4-20
[清]《黄山图》——《石笋峰》

图 8-6-4-21
[清]《黄山图》——《松谷》

图 8-6-4-22
[清]《黄山图》——《翠微》

图 8-6-4-23
[清]《黄山图》——《圣泉峰》

图 8-6-4-24
[清]《黄山图》——《九龙飞瀑》

图 8-6-4-25
[清]《黄山图》——《掷钵峰》

图 8-6-4-26
[清]《黄山图》——《云谷》

图 8-6-4-27
[清]《黄山图》——《招隐亭》

图 8-6-4-28
[清]《黄山图》——《云舫》

图 8-6-4-29
[清]《黄山图》——《云舫之左数峰》

图 8-6-4-30
[清]《黄山图》——《云舫之右数峰》

图 8-6-4-31
[清]《黄山图》——《云舫面数峰》

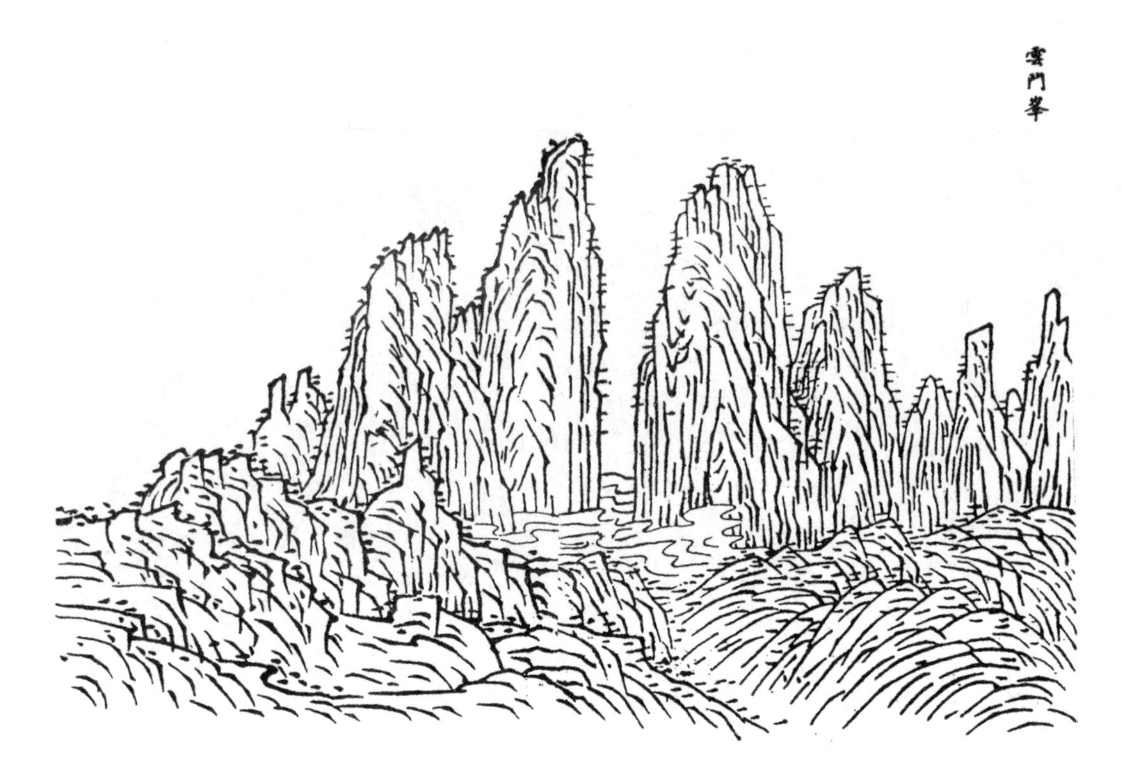

图 8-6-4-32
[清]《黄山图》——《云门峰》

《古歙山川图》中有三幅黄山图，分别描绘了慈光寺、天都峰、文殊院等景观。图8-6-5-1中，慈光寺位于图面中心偏右，寺院原名朱砂庵，为明代万历年间普门大师所创，寺内有金塔。慈光寺四周峰峦叠嶂，青松掩映，云雾盘旋。前方山涧之上架有多孔拱桥，一侧通向汤泉，另一侧连接山道，隐约通向崖壁之后两层高的狎浪阁。

图8-6-5-2中，三峰峙立，高耸入云。左侧为天都峰，右侧为莲花峰，中间峰顶平坦，其上建有文殊院。

图8-6-5-3描绘了黄山石笋矼。石笋矼位于始信峰与仙人峰之间。图中怪石嶙峋，石崖陡立犹如竹笋。

图 8-6-5-1
[清]《古歙山川图》——《黄山》之一

图 8-6-5-2
[清]《古歙山川图》——《黄山》之二

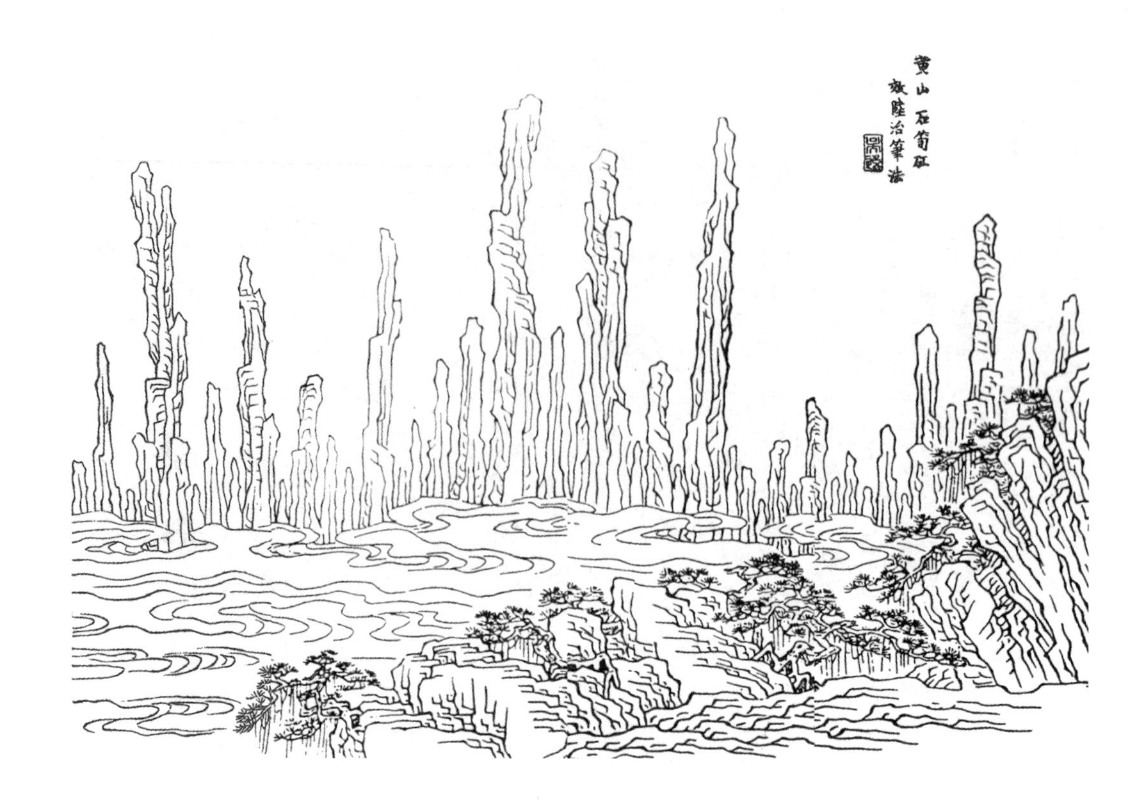

图 8-6-5-3
[清]《古歙山川图》——《黄山石笋矼》

乾隆年间刊行的《黄山志》中，收录有十五幅黄山风景版画（图8-6-6-1~图8-6-6-15）。

图 8-6-6-1
[清]《黄山志》插图一

图 8-6-6-2
[清]《黄山志》插图二

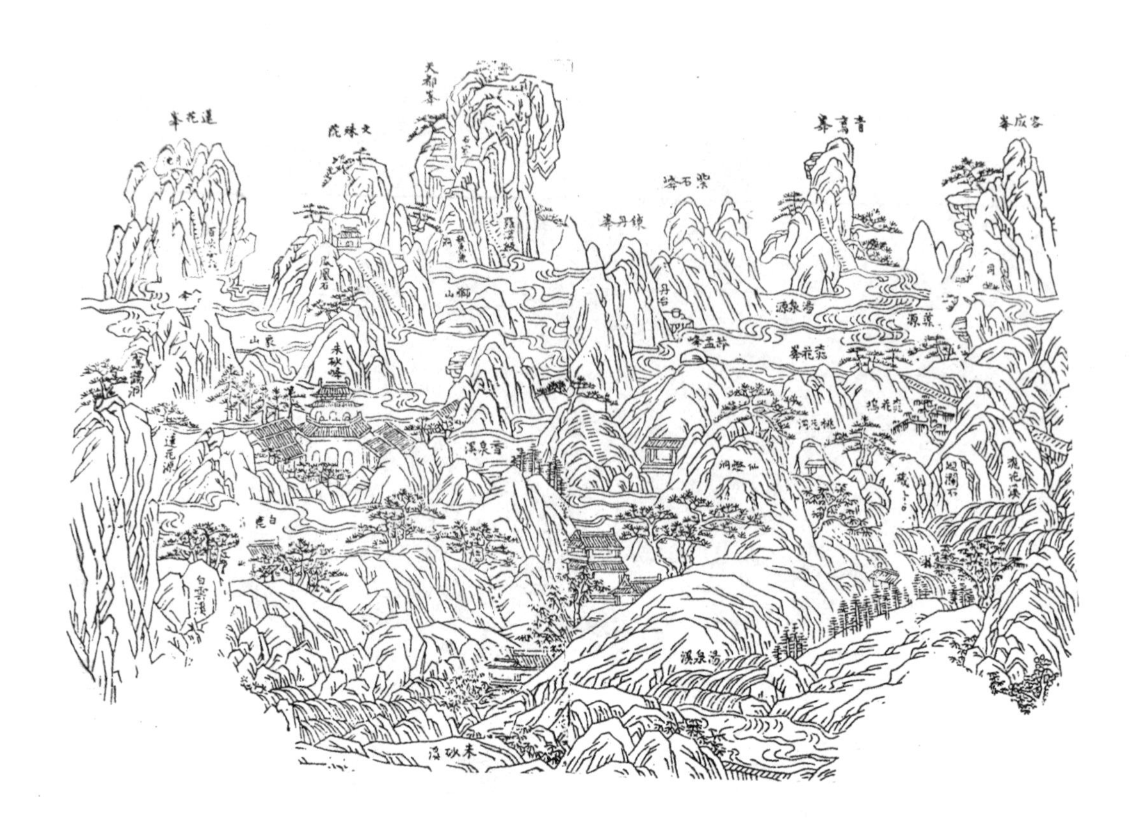

图 8-6-6-3
[清]《黄山志》插图三

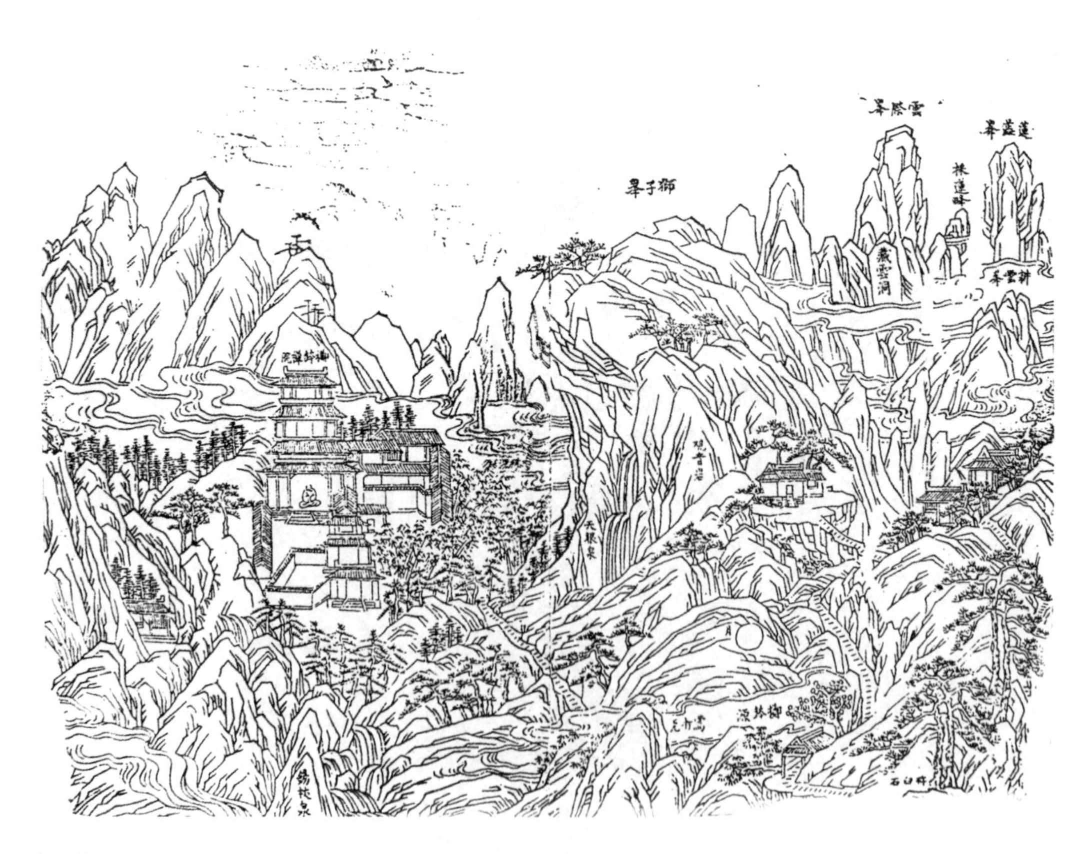

图 8-6-6-4
[清]《黄山志》插图四

图 8-6-6-5
[清]《黄山志》插图五

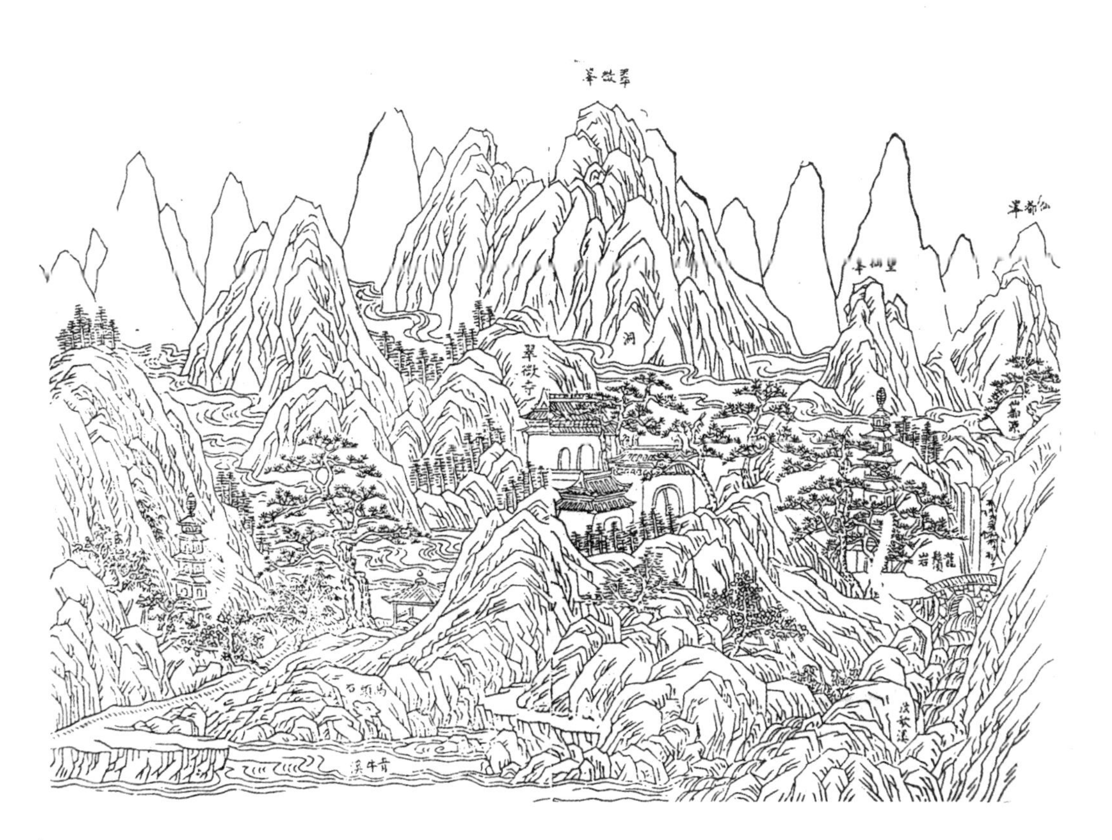

图 8-6-6-6
[清]《黄山志》插图六

图 8-6-6-7
[清]《黄山志》插图七

图 8-6-6-8
[清]《黄山志》插图八

图 8-6-6-9
[清]《 黄山志 》插图九

图 8-6-6-10
[清]《 黄山志 》插图十

图 8-6-6-11
[清]《黄山志》插图十一

图 8-6-6-12
[清]《黄山志》插图十二

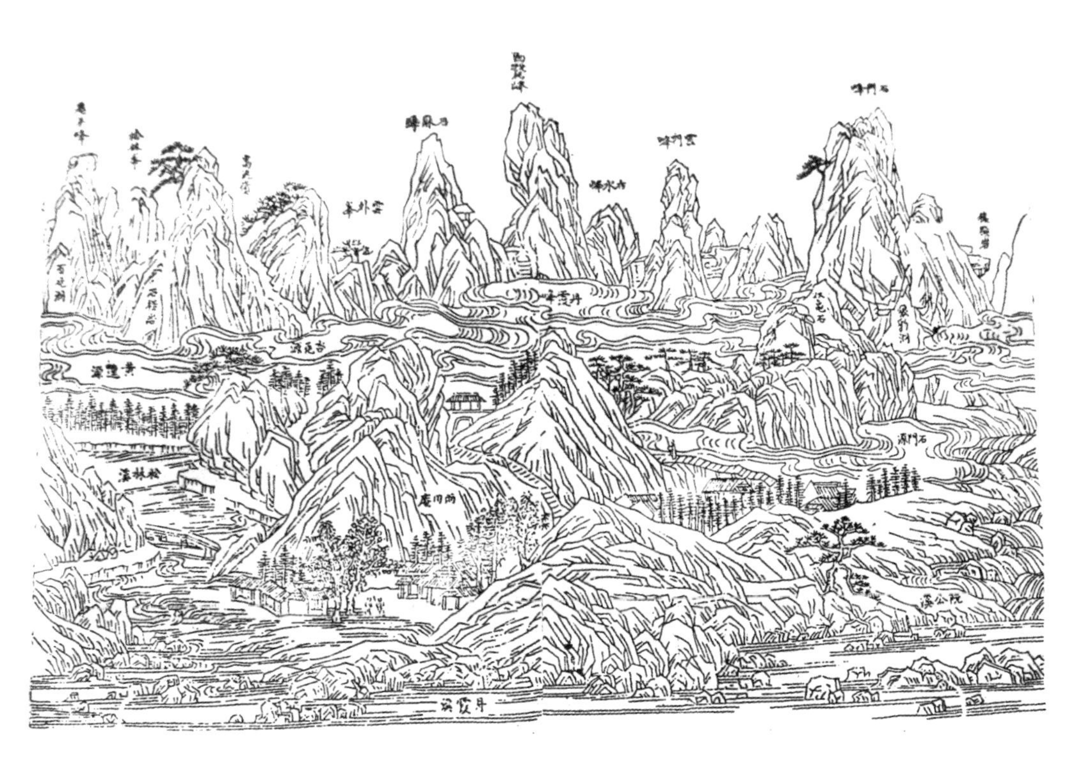

图 8-6-6-13
[清]《黄山志》插图十三

图 8-6-6-14
[清]《黄山志》插图十四

图 8-6-6-15
[清]《 黄山志 》插图十五

《鸿雪因缘图记》中有《云门拄杖》《朱泉涤俗》《慈光问径》《始信觇松》四幅黄山图像（图8-6-7-1~图8-6-7-4）。云门峰为黄山七十二峰之一，位于黄山西部，由于双峰耸立，其间崖壁分开，云气缥缈而过，故称为云门峰。《云门拄杖》一图中绘有三座山峰，云门峰占据了画面中央与右部。石峰插入云霄，绝崖峭壁，云雾缠绕，人迹不至，石峰间裂口如门。石间多有松树，树形伸张。

《朱泉涤俗》一图中，画面中心为紫云庵。庵舍极为朴素，四周墙体围合，植被葱郁。磴道往复，回旋于山石之间。右侧可见瀑布泻流而下，汇成山涧。后侧紫石峰高耸入云，一条磴道斜上山巅。庵旁有朱砂泉，喷涌出峭壁。朱砂泉为黄山名泉，色泽发红，有医疗作用。

《慈光问径》所绘为朱砂泉至慈光寺之间的风景，包括桃花源、白龙潭、虎头岩、断凡桥、辨源亭等景致。图中视点高远，黄山诸峰形态万千，山道盘旋若隐若现。植被苍翠，溪涧横流。慈光寺位于画面中心偏左的位置，四周有老人峰、青鸾峰，云雾之间隐现天都峰、莲花峰。①

《始信觇松》聚焦于黄山始信峰奇松。始信峰为黄山七十二峰之一，图中始信峰位于画面右部，万丈峭壁自画面底部云海中伸出，四面崖壁直立，峰腰处有松树长出，松姿苍劲。峰顶有一平台，台中建有石室。峰崖右侧有一石桥与另一峰相通。

① [清] 麟庆撰，汪春泉绘：《鸿雪因缘图记》，北京：国家图书馆出版社，2011 年，第 202 页。

图 8-6-7-1
［清］《鸿雪因缘图记》——《云门拄杖》

图 8-6-7-2
［清］《鸿雪因缘图记》——《朱泉涤俗》

慈光問徑

图 8-6-7-3
[清]《鸿雪因缘图记》——《慈光问径》

始信覘松

图 8-6-7-4
[清]《鸿雪因缘图记》——《始信觇松》

第七节　庐山图像

庐山，又名匡庐，位于江西九江，北临长江，东临鄱阳湖，西南—东北走向。庐山山体呈椭圆形，山峰海拔均在千米以上，主峰为汉阳峰。庐山以“雄、奇、险、秀”著称，不仅山势雄伟、峰岭峭拔，且植被丰富、水系发达，山中多瀑布、池涧，是避暑与隐居之地。东晋时期陶渊明辞官到庐山脚下归隐，白居易任江州司马期间，在庐山香炉峰下造庐山草堂，写有《庐山草堂记》。众多文人如李白、白居易、王安石、苏轼等均游览过庐山，留下诸多与庐山有关的文学作品。慧远禅师在庐山建东林寺，结白莲社，庐山因此成为佛教净土宗的发源地。道教的张道陵、陆修静、葛洪等均在庐山修炼，著书立派。庐山成为佛道名山。

《新镌海内奇观》中有《匡庐山图》。图中，左下角绘有开先寺。寺院建于鹤鸣峰下，寺后有读书台，台后有宝墨亭，亭下为云锦楼，楼对面为锦屏山。西南有双剑峰，峰南为香炉峰。鹤鸣峰之左瀑布较短，呈千百缕，如同马尾，称为马尾水。双剑峰之右瀑布悬挂如匹练，称为瀑布泉。瀑布水出青玉峡，汇入龙潭，前有浴仙池，池旁有龙井，井上有漱玉亭。开先寺北为庆云峰，峰下有万杉寺。其东北为五老峰，溪涧环绕，山中有白鹿洞，山麓建有嵩阳书院。白鹿洞前瀑布水流下石峡，东为洗心桥，上有独对亭。临山有高美亭，亭西有大意亭、濯缨桥，再往西有钓台石，其北山巅建有朋来亭。五老峰南为狮子峰，其东北为九叠屏，屏下三叠水直泻而下，西南架设有栖贤桥，桥下水出为三峡涧。过大石亭、小石亭、含鄱口则为汉阳峰。其上有掷笔庵、天池寺，西有聚仙亭、文殊台，台前有佛光石，石上有舍利塔，塔南临舍身崖，崖下为锦涧，隔涧为铁船峰。东北有白鹿升仙台，再往东北有佛手岩，其北为访仙亭，山后有竹林寺、大林寺，下山可至东林寺（图8-7-1）。[①]

《名山图》中有《匡庐》。该图视点高远，呈俯瞰态势。庐山绘于画面左上部，水面占据了右下部。山中峰峦叠嶂，山谷之间的平台上露出两处寺观殿宇建筑群，寺外沿着崖壁有曲折的磴道（图8-7-2）。

①［明］杨尔曾：《新镌海内奇观》卷八。

图 8-7-1
[明]《新镌海内奇观》——《匡庐山图》

图 8-7-2
[明]《名山图》——《匡庐》

第八节　雁荡山图像

雁荡山又名雁宕、雁山，位于浙江温州东北，因山顶有湖，芦苇密布，秋雁多宿于此得名。雁荡山属于浙东南中低山、丘陵区，山脉呈北东—南西走向，主要山峰包括北雁荡山、中雁荡山、南雁荡山等。雁荡山岩峰峭拔，景色秀丽，山中多奇峰、石柱、古洞、瀑布、飞涧，有“东南第一山”之美誉。早在南北朝时期，已经有人在雁荡山开山建寺。唐代杜审言、李皋，宋代沈括、王十朋等均留下与雁荡山有关的文学作品。宋代雁荡山中建有会文书院、灵岩寺、罗汉寺等，成为人文荟萃之地与佛道名山。

《新镌海内奇观》中有二十幅木刻版画插图，以雁荡山十八古刹、瀑布、峰洞为主题内容。《宝冠寺》图中，山峰高耸，山中有南山洞，山谷中为经行峡，峡口涌出流水山涧，宝冠寺、石梁庵依山而建，前有流水，行春桥跨于涧上。远处山中露出案山塔塔身。《能仁寺》图中，远处峰崖耸立，自右向左依次为戴辰峰、将军岩、丹芳岭。能仁寺位于山谷中，始建于北宋年间，重重殿阁掩映于山林之中，恢宏壮丽。《本觉寺》图中，崖岩峙立，寺院显露于峰石之后。前有深潭溪涧，涧旁石台上建有茅亭，乱石之间生长有数株古松。《凌云寺》图中，鹰嘴峰、卓刀峰相对而立，梅雨潭一泻而下流入深涧。寺宇掩映于峰峦之下、林木之后。《古塔寺》一图中，华阳峰、石柱峰耸立入云，华阳峰下有华阳洞，古塔寺位于山前谷地上，寺外有古松，花木繁盛。《飞泉寺》图中，寺院临崖而立，崖下有溪涧，涧水来自瀑布飞泉。《普门寺》图中，远处为中翠峰，山麓普门寺殿宇庄严，寺外植被繁茂，山门临溪涧，溪水自双溪口涌出。《罗汉寺》图中，两峰对峙，一峰顶建有案山塔，另一峰中有石洞，洞内有石罗汉。寺院殿阁仅绘一栋，重檐歇山顶，位于山麓高台基上。《石门寺》图中，寺院位于石门山山坳之内，露出殿宇重檐屋顶。石门山面对猴孙峰、石柱峰，山中有石门洞，溪涧自洞中流出，流经鹰岩、天王岩。《瑞鹿寺》图中，寺庵位于树岩和方石岩下，前有磴道穿过石洞通向朝阳峰。朝阳峰与瑞鹿峰相对，白云庵建于其上。《华岩寺》图中，寺院位于火焰岭下，前有飞泉瀑布和溪涧，后有招贤岩，岩中有招贤洞，溪涧自洞中流过。远处可见宝香岩。《天柱寺》图中，寺院殿阁位于天柱峰下，殿前台地临深涧，寺旁有七贤祠。远处有笔架山。《灵峰寺》图中，寺院有数重殿阁，立于仙掌峰、碧霄峰、狮子峰、灵芝峰、双笋峰之间，峰内有灵峰洞、碧霄洞、新月洞，前有深涧，石峰奇绝。《真济寺》图中，五老峰、鼓槌峰、华阳峰三峰峙立，寺院位于峰下，前有平台，临摩诃泉。峰中多石台、石洞。《净明寺》图中，远处峰崖绝立，形态奇特。自右向左有灵龟岩、顶珠峰、展旗峰、蟾蜍峰，峰下多有谷、洞，瀑布一泻直下，石台上建有翠微亭，寺院建筑位于钵盂岩后。《灵岩寺》图中，天柱峰、卓笔峰、双鸾峰、玉女峰、观音岩自右向左依次排列，天柱峰与卓笔峰之间有僧抱石，玉女峰旁有瀑布小龙湫直泻而下。磴道自画面左下角燕岩开始，向山坡上延伸。《石梁寺》图中，石峰突起，中间有石梁洞，下有老僧岩、石佛岩。洞中有石室、磴道，岩下有数栋寺观建筑。《双峰寺》图中，寺院位于两峰之间，溪涧自峰侧流过，下泻成瀑布，流经石台草亭，汇入石门潭。《剪刀峰》图中，画面底部为龙潭，潭中矗立有巨石，潭侧山冈隆起，龙湫庵建于冈上，四周竹木掩映。磴道曲折往复，通向石冈顶部的观景亭。《大龙湫》一图中，大龙湫瀑布自雁湖垂直泻入锦溪，溪涧流水涌动，两侧切割出石台、石壁。一侧的石台上建有忘归亭，另一侧为讵那台，有白云庵等建筑物（图8-8-1-1～图8-8-1-20）。[①]

---

①［明］杨尔曾：《新镌海内奇观》卷六。

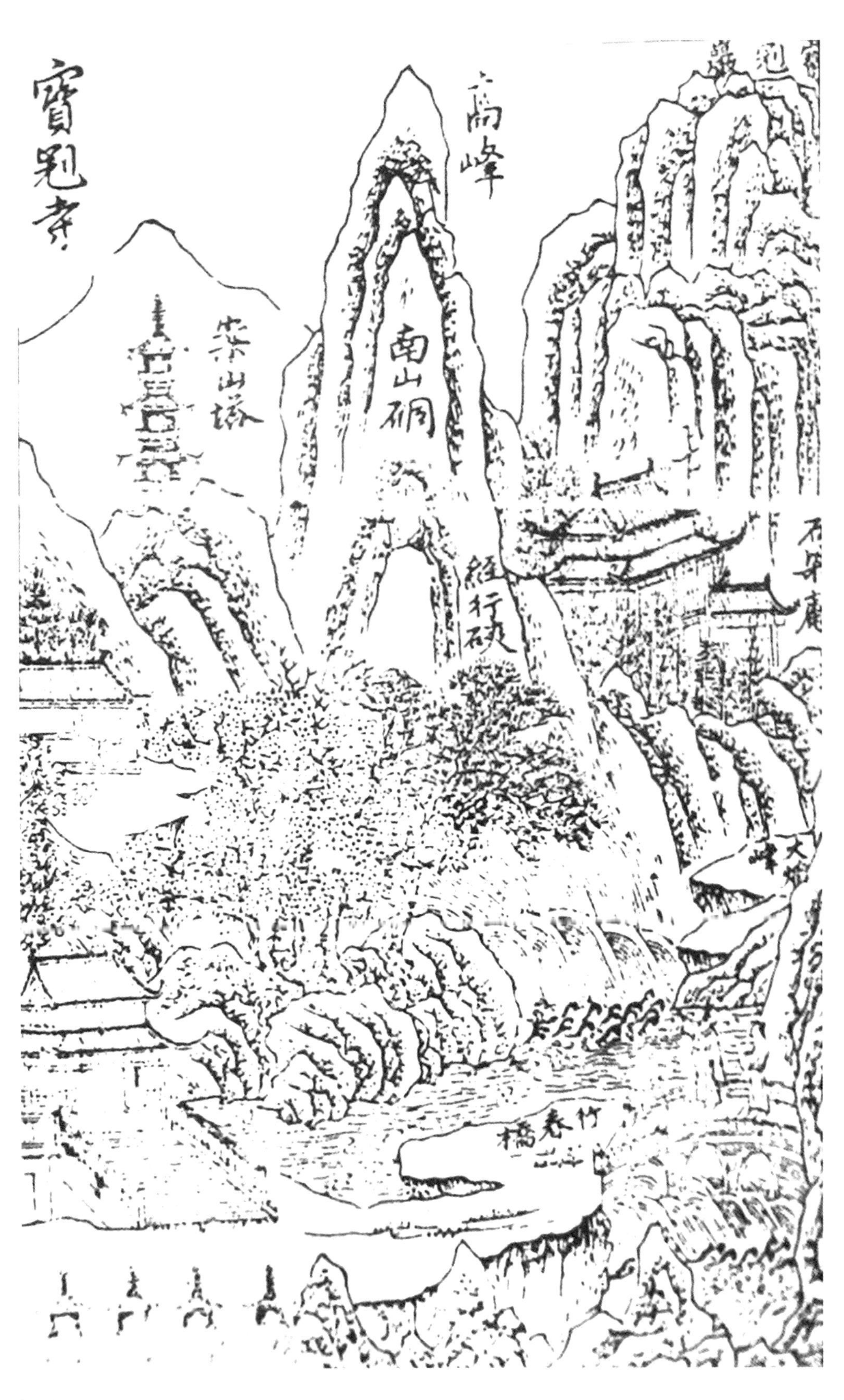

图 8-8-1-1
[明]《新镌海内奇观》——《宝冠寺》

图 8-8-1-2
[明]《新镌海内奇观》——《能仁寺》

图 8-8-1-3
[明]《新镌海内奇观》——《本觉寺》

图 8-8-1-4
[明]《新镌海内奇观》——《凌云寺》

图 8-8-1-5
[明]《新镌海内奇观》——《古塔寺》

图 8-8-1-6

[明]《新镌海内奇观》——《飞泉寺》

图 8-8-1-7
[明]《新镌海内奇观》——《普门寺》

图 8-8-1-8
[明]《新镌海内奇观》——《罗汉寺》

图 8-8-1-9
[明]《新镌海内奇观》——《石门寺》

图 8-8-1-10
[明]《新镌海内奇观》——《瑞鹿寺》

图 8-8-1-11
[明]《新镌海内奇观》——《华岩寺》

图 8-8-1-12
[明]《新镌海内奇观》——《天柱寺》

图 8-8-1-13
[明]《新镌海内奇观》——《灵峰寺》

图 8-8-1-14
[明]《新镌海内奇观》——《真济寺》

图 8-8-1-15
[明]《新镌海内奇观》——《净明寺》

图 8-8-1-16
[明]《新镌海内奇观》——《灵岩寺》

图 8-8-1-17
[明]《新镌海内奇观》——《石梁寺》

图 8-8-1-18
[明]《新镌海内奇观》——《双峰寺》

图 8-8-1-19
[明]《新镌海内奇观》——《剪刀峰》

图 8-8-1-20
[明]《新镌海内奇观》——《大龙湫》

《名山图》中有《雁宕》和《龙湫》两图。《雁宕》图中，山峦雄阔，云雾缠腰。山下溪涧曲折前流。寺院建于水边，前有塔林、舍利塔，松竹掩映。龙湫是雁荡山最为著名的瀑布。《龙湫》一图中，瀑布直泻而下，临水处有石台，图中景物与《新镌海内奇观》中的《大龙湫》一图相似（图8-8-2-1～图8-8-2-2）。

图 8-8-2-1
[明]《名山图》——《雁宕》

明末杨文骢作有《雁宕八景图》，纸本水墨册页，共有八开，每开24.5厘米×17.5厘米，其中有四幅描绘了雁荡山的景观。该作品为杨文骢的代表作，笔法萧瑟，境界幽远，具有很强的文人画风格，充分表现了雁荡山的风景内涵（图8-8-3-1~图8-8-3-4）。

图 8-8-2-2
[明]《名山图》——《龙湫》

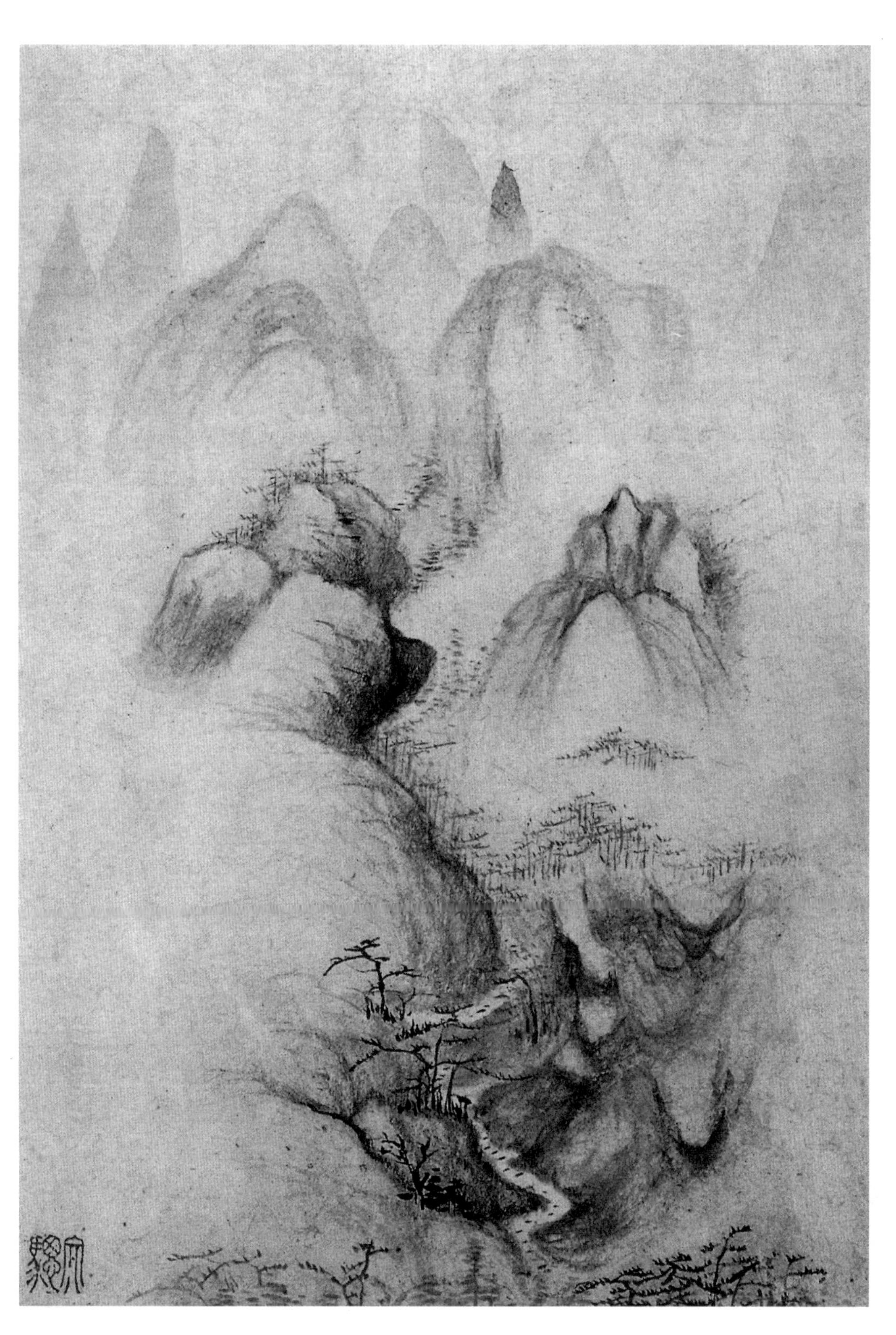

图 8-8-3-1
[明]杨文骢《雁宕八景图》之二

图 8-8-3-2
[明]杨文骢《雁宕八景图》之四

图 8-8-3-3
[明]杨文骢《雁宕八景图》之六

图 8-8-3-4
[明]杨文骢《雁宕八景图》之八

第九节　五台山图像

五台山又称为五峰山、清凉山，位于山西高原东北部、太行山脉与五台山系的交会处。因受到河流侵蚀，五台山多深山峡谷，山势雄伟，层峦叠嶂，植被丰富。五台山文化积淀深厚，其东南的台怀盆地中，气候宜人，是中国的佛教文化中心。[①]五台山有五个台顶，分别为东台顶、西台顶、南台顶、北台顶、中台顶。东台顶位于龙泉关西侧，台顶形似鳌脊背，登顶可望明霞，又称为望海峰。西台顶曾名栲栳山，后改名为挂月峰、月坠峰。南台顶距离其他台顶较远，峰峦独秀，且因为山形如同覆盂，日照强烈，紫气如锦，又名锦绣峰。北台顶为五台山最高峰，又名叶斗峰、掖斗峰。台边有黑龙池，又名金井。中台顶石崖耸立、植被苍郁，又称为翠岩峰。山顶有太华池，五条溪涧从此处发源。其中两溪涧流入清河，三溪涧流经西台山下，注入滹沱河。

《新镌海内奇观图》中有《五台山图》。图中，中台最高，位于画面中央，其他四台环绕中台。中台台顶有太华池、雨花池、甘露池，前有饭仙山，南有灵鹫峰，从欢喜岭可至东台。东台东畔有那罗延洞，洞东有楼观，西北有华岭岩、仙人洞，西南有青峰，南连望圣台，台下有东谷池，池西南有善才庵，东南有明月池、温汤池、温泉寺。西台上有秘磨岩、八功德水，东北有文殊洗钵池，以及玉华、真容、圆通等寺，寺旁有三珠泉，泉旁有七宝珠树。南台有圣僧岩、三贤岩，西北有清凉岭、清凉寺、清凉泉，上有罗汉洞，东北有竹岭、圣钟山。北台又名掖斗峰，台顶有罗侯台、黑龙池，南有白水池、七佛池、饮牛池，东北有宝陀峰、金刚窟（图8–9–1）。[②]

《名山图》中有《五台》图。图中，五个台顶顶部宽平，崖壁耸立如刀削，其间夹杂一些小山峰。峰腰云海缭绕，林中露出数栋寺观殿宇的屋顶（图8–9–2）。

《西巡盛典》中有《东台顶》《西台顶》《南台顶》《北台顶》《中台顶》五图，分别描绘了五处台顶的自然与人文景观。《东台顶》一图中，五台山山势蜿蜒，山峰多为浑圆状，谷中云雾缥缈，植被苍郁。东台顶位于图像右上部，是图中所绘山峰最高处。山顶寺院名为望海寺，院墙围合，布局规整。望海寺始建于北魏时期，康熙二十二年重修，御制碑文，赐匾“望海峰”“般若原”和“自在”。乾隆十二年，乾隆赐匾额“霞表天城”，乾隆十六年，再次御赐匾额“华严真静”（图8–9–3–1）。[③]

《西台顶》一图中，台顶位于图像左上角，石矶环抱中央平台。台上有一处寺院，名为法雷寺，始建于唐代。康熙二十年曾重修法雷寺，并赐额“莲井”“初地”。乾隆十二年，乾隆御赐额“德水香林”。[④]图中寺院布局规整，山门开在前方。曲折的虚线表示磴道，磴道两侧多为石矶、石崖，其间林木丛生。磴道在半山处分为两股，一股通向有石壁环绕的台地，台地上绘有两座建筑。一座为两层高的阁，另一座为四方攒尖亭。另一股磴道曲折下行，直至被石矶所遮挡。画面右部峻岭重山，山势奇丽，植被茂盛。磴道从山石与树木背后延伸出来，道边树林下可见一座重檐建筑（图8–9–3–2）。

---

①胥勤勉，林晓辉：《五台山地貌特征及其旅游价值》，五台山研究：2007年第4期，第42—44页。

②［明］杨尔曾：《新镌海内奇观》卷十。

③《西巡盛典》卷十四。

④《西巡盛典》卷十四。

图 8-9-1
[明]《新镌海内奇观图》
——《五台山图》

《南台顶》一图中，数座山峰耸立，其间夹杂着云雾、谷地、台地、溪涧，植被葱郁。台顶绘于图像左上部，石崖峭立，雄伟秀丽。其上建有一座寺院，名为普济寺，始建于宋代。图中普济寺殿宇森严、巍峨壮观，寺后处理一座寺塔。康熙二十二年曾重修此寺，并赐额“大方广室”“物外游”，乾隆也曾赐额“仙花证果”。其西为古南台，台上建有云集寺，西北有妙德庵，东有杂花庵（图8-9-3-3）。[①]

《北台顶》一图中，峰高雄奇，苍峦叠秀，峰下云雾缥缈。台顶三面叠石，一面开敞，有磴道曲折通向山下。台上建有寺庙，名为灵应寺，始建于明代。康熙二十二年重修灵应寺，赐额“栖真境”“火珠白月”“五界神湫”。乾隆也曾于乾隆十二年、十六年赐额“应真禅窟”“宝陀飞观”（图8-9-3-4）。[②]

《中台顶》一图中，最高处位于画面左上角，台中建有寺院，名为演教寺，始建于唐代。寺院布局规整，入口与磴道相接。康熙曾赐额“翠岩”“古雪”，乾隆赐额“灵鹫中峰”“震那金界”。[③]图中，山腰台地上另有两处建筑群，均为合院布局，廊庑围合。图右侧的前后三进院落，中心轴线上布置有三座主体建筑。廊庑外侧种有柳树，另有一座重檐楼阁。图中间的建筑群仅一座方院，院中有一座面阔五间的殿宇（图8-9-3-5）。

五臺山圖

①《西巡盛典》卷十四。
②《西巡盛典》卷十四。
③《西巡盛典》卷十四。

图 8-9-2
[明]《名山图》——《五台》

图 8-9-3-1
[清]《西巡盛典》——《东台顶》

图 8-9-3-2
[清]《西巡盛典》——《西台顶》

图 8-9-3-3
[清]《西巡盛典》——《南台顶》

图 8-9-3-4
[明]《西巡盛典》——《北台顶》

图 8-9-3-5
[清]《西巡盛典》——《中台顶》

图 8-10-1-4
[明]《新镌海内奇观》——《普陀洛伽山图》四

图 8-10-1-7
[明]《新镌海内奇观》——《普陀洛伽山图》七

图 8-10-1-6
[明]《新镌海内奇观》—

菩薩頂
茶山
千步沙
飛沙嶴
青鼓雷

图 8-10-1-3
[明]《新镌海内奇观》——《普陀洛伽山图》三

图 8-10-1-2
[明]《新镌海内

普陀洛伽山图》六

图 8-10-1-5
[明]《新镌海内奇观》——《普陀洛伽山图》五

——《普陀洛伽山图》二

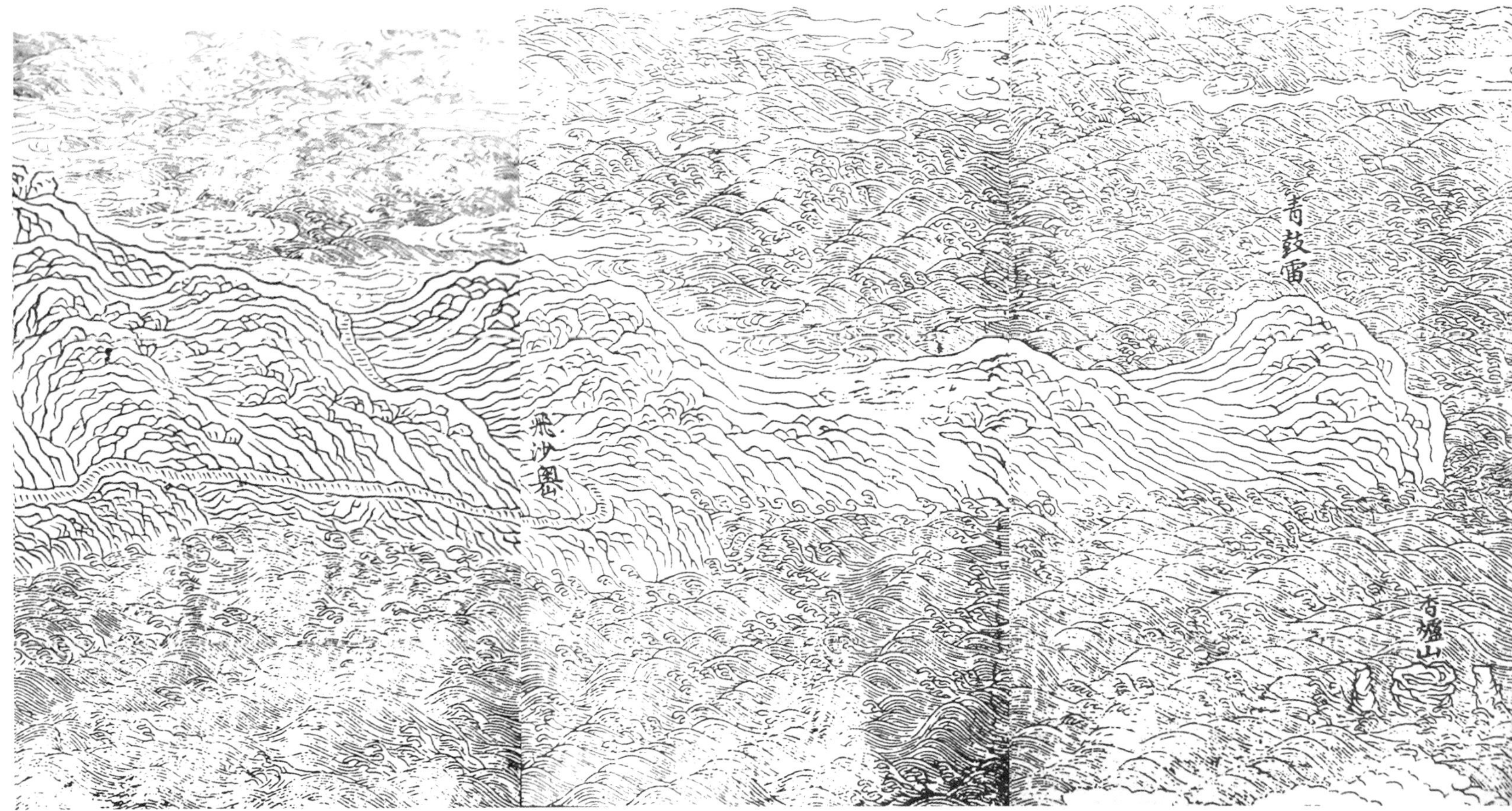

图 8-10-1-1
[明]《新镌海内奇观》——《普陀洛伽山图》一

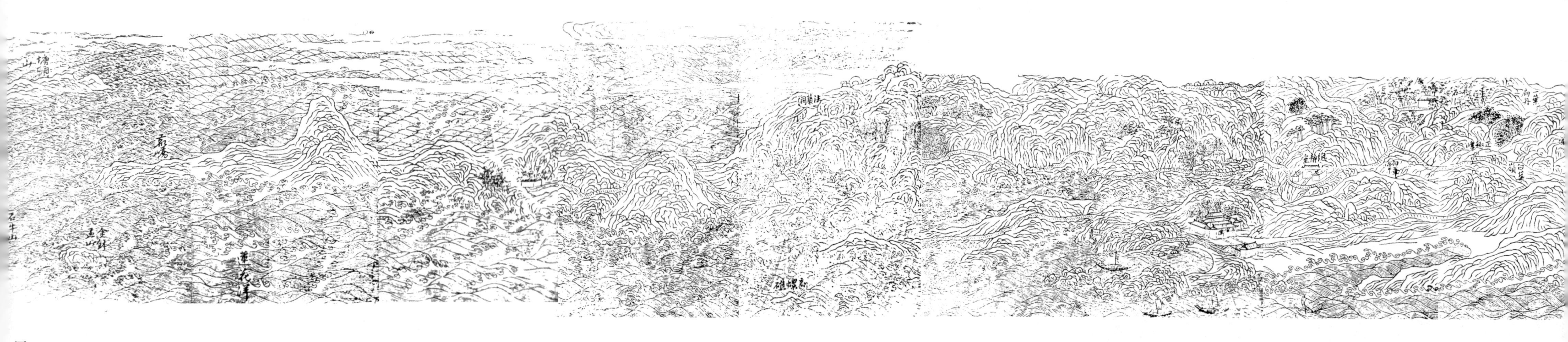

图 8-10-1
[明]《新镌海内奇观》——《普陀洛伽山图》

第十节　普陀山图像

普陀山，原名小白华，又名梅岑山，佛经中称其为补怛洛伽，位于浙江钱塘江入海口，是舟山群岛一千余座岛屿中的一座。据传五代后梁时期东瀛僧人慧锷自五台山回国，途经普陀，所带观音像不能前行，在此地营造了“不肯去观音院”。嘉定年间，普陀山成为观世音菩萨道场，四大佛教名山之一。山中植被苍翠，景致幽奇，名刹众多，素有“海天佛国”“南天竺”之称。

《新镌海内奇观》中有《普陀洛伽山图》插图（图8-10-1），左右可连接成长卷。图中自右向左描绘了青鼓垒、飞沙岙、光熙峰、茶山、菩萨顶、千步沙、鹰岩、摩尼洞、金粟庵、饥饱岭、象岩、仙人井、东天门、金沙滩、佛手岩、三一岩、普济寺、太子塔、狮子岩、放生池、龙湾、善财礁、潮音洞、龙女洞、西天门、正趣峰、修竹庵、白华岭、白华峰、总静室、说法堂、磐陀石、法华洞、新螺礁（图8-10-1-1~图8-10-1-7）。

图像自青鼓垒始。青鼓垒，又名青鼓山，位于普陀山东端，山中有天然洞窟梵音洞。此山与普陀山之间原有水面阻隔，后飞沙成岙，形成通道。

图中所标注的山峰有菩萨顶、光熙峰和茶山。菩萨顶，又名佛顶山、白华顶，位于四山之中，登顶可俯瞰光熙峰等其他诸峰。峰上原有石亭，内供石佛。茶山位于菩萨顶之后，山中多溪涧，出产山茶。山下海边为千步沙，自飞沙岙延伸至饥饱岭。鹰岩位于雪浪山中，因形如苍鹰而得名。

饥饱岭，又称为几宝岭。岭下有仙人井，其味甘美，水流不歇，清凉无比。象岩位于饥饱岭上。

东天门位于法华洞顶，峭壁直立，顶部平坦，两石突起如门。佛手岩位于观音峰后，形如手指。

龙湾位于东山山麓，积沙而成。金沙滩位于龙湾西，全为黄沙，阳光照射呈金色，所谓金沙布地处。普济寺位于白华顶南，元丰三年曾赐名为宝陀禅寺，万历年间敕建赐额护国永寿普济禅寺。寺院山门前有放生池，又名海印池、莲花池，寺僧在此放生鱼鳖，其东西有永寿桥、瑶池桥，分为三池。

潮音洞位于金沙滩尽头、龙湾之麓，洞穴深入水下，洞顶有天窗。海潮侵入洞内，发出声响，故名潮音洞。龙女洞位于潮音洞旁，石壁嶙峋，内有滴泉不绝，水可疗目，名为菩萨泉。

磐陀石位于普陀山西部，登之可环眺山海。

法华洞位于饥饱岭东天门下，磴道两侧多奇石，洞石较为规整，犹如人工堆砌而成。[①]

---

①［明］杨尔曾：《新镌海内奇观》卷五。

图 8-10-2-1
[清]《南海普陀山志》
——《补怛洛迦山》

清代裘琏编纂有《南海普陀山志》，卷一收录有普陀山全景图一幅，另有以普陀十二景为主题的木刻版画十二幅，分别为《佛选名山》《短姑圣迹》《两洞潮音》《磐陀夕照》《法华灵洞》《梅岑仙井》《朝阳涌日》《千步金沙》《华顶云涛》《光照雪霁》《宝塔闻钟》《莲池夜月》（图8-10-2-1~图8-10-2-13）。

图 8-10-2-2
[清]《南海普陀山志》——《佛选名山》

图 8-10-2-3
[清]《南海普陀山志》——《短姑圣迹》

图 8-10-2-4
[清]《南海普陀山志》——《两洞潮音》

图 8-10-2-5
[清]《南海普陀山志》——《磐陀夕照》

图 8-10-2-6
[清]《南海普陀山志》——《法华灵洞》

图 8-10-2-7
[清]《南海普陀山志》——《梅岑仙井》

图 8-10-2-8
[清]《南海普陀山志》——《朝阳涌日》

图 8-10-2-9
[清]《南海普陀山志》——《千步金沙》

图 8-10-2-10
[清]《南海普陀山志》——《华顶云涛》

图 8-10-2-11
[清]《南海普陀山志》——《光照雪霁》

图 8-10-2-12
[清]《南海普陀山志》——《宝塔闻钟》

图 8-10-2-13
[清]《南海普陀山志》——《莲池夜月》

《天下名山图咏》中亦有《普陀山》插图（图8-10-3）。

图 8-10-3
[清]《天下名山图咏》——《普陀山》

第十一节　峨眉山图像

峨眉山位于四川省峨眉县西、四川盆地西南部，属于邛崃山余脉，呈南北方向延伸。峨眉山整个山势连绵起伏，包括大峨、二峨、三峨等山峰，大峨山是主峰，山顶平坦，称为峨眉金顶。峨眉山是佛教四大名山之一，是普贤菩萨的道场。

《新镌海内奇观》中有《峨眉山图》。图中右下方为老宝楼，旁有圣积寺、龙神堂、凉风桥，过桥为华严寺。寺北为青竹桥，过桥上坡至翠竹环绕的歌凤台。台前有巨石，名为普贤船，侧有大峨石，后有玉液泉。白云峰山麓有中峰寺，寺旁有三望坡，坡下环绕鹤双溪，溪旁建有牛心寺。牛心寺两侧有双飞桥跨于涧上，寺后景致幽绝。山中有白龙洞，洞旁种满了楠木林，旁有磴道通向白水寺，寺内有宋兴国年间所筑的普贤骑象雕像。白水寺后山坡顶为顶心坡。再向上为九岭岗、长老坪。九岭岗后为梅子坡，坡上建有白云殿。殿临陡崖雷洞坪。坪上有猢狲梯，接八十四盘，尽头为观音岩。观音岩前有普贤线。山顶建有通天堂，堂南为老僧树，其左为天门。过天门为光相寺，寺内有锡、铜、铁瓦覆顶的三殿。远处为西域大雪山（图8-11-1）。[①]

《名山图》有《峨眉》。图中，峨眉山山势雄奇壮丽，山中有一台顶，其上建有寺观。山涧曲折流淌，奔流而下。涧上建有木柱支撑的板桥。山腰林木丛生，林下有寺观殿阁前后排列，前有磴道与山门相接（图8-11-2）。

《天下名山图咏》中亦有《峨眉山》（图8-11-3）。

①［明］杨尔曾：《新镌海内奇观》卷八。

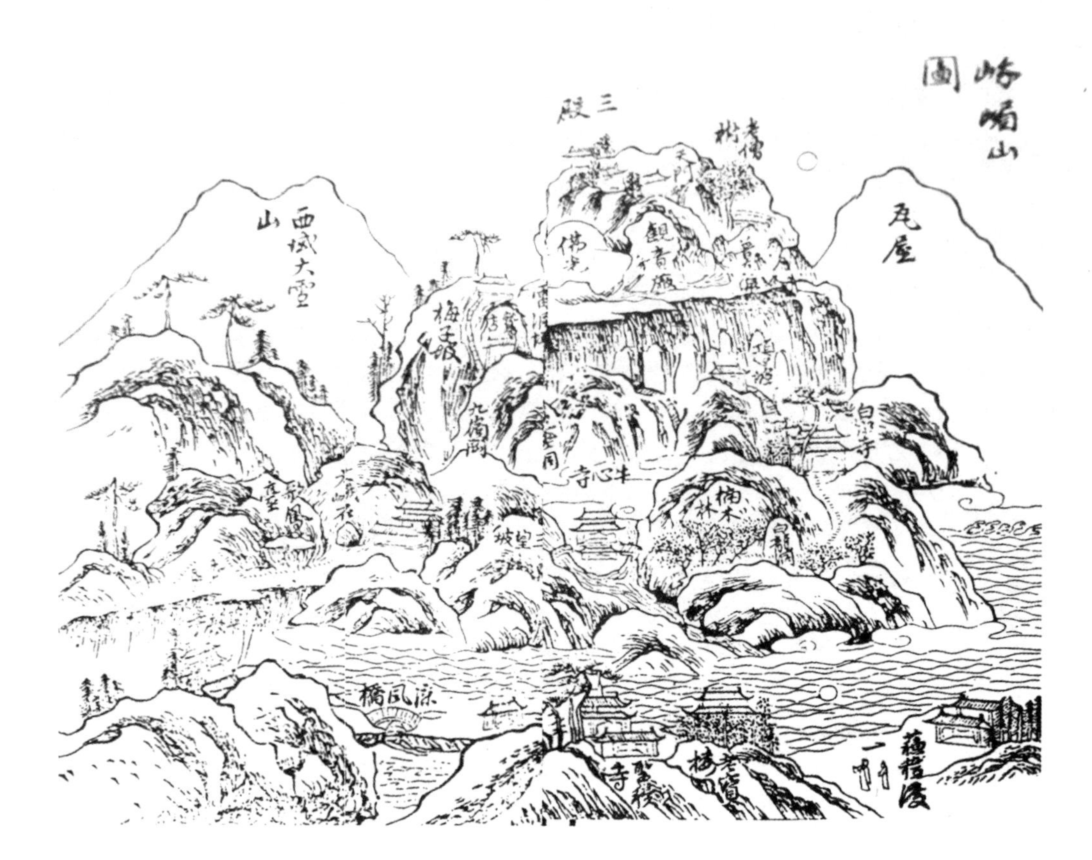

图 8-11-1
［明］《新镌海内奇观》——《峨眉山图》

图 8-11-2
［明］《名山图》——《峨眉》

峨眉山

連岡疊嶂延袤三百餘里二峯對峙宛若峨眉

介眉

沈錫齡

图 8-11-3

［清］《天下名山图咏》——《峨眉山》

第十二节　九华山图像

九华山，原名九子山，位于安徽池州，是皖南三大山系之一（另外两条山系为黄山、天目山—白际山）。九华山山体陡峭，峰峦林立，多奇峰怪石、溪流瀑布。主要山峰有十王峰、七贤峰、天台峰、中峰、罗汉峰、宝塔峰、莲台峰、大古峰、上莲花峰、插霄峰、纱帽峰、中莲花峰、翠峰、美女尖等，最高峰为十王峰。山中多石洞，堆云洞、地藏洞、华严洞、飞龙洞等常常作为僧人修行居所。山中溪涧有龙溪、舒溪、九子溪等，主要河流九华河、青通河汇入长江。

九华山早期是道教修真之地，留有葛洪等的修行遗物。东晋时期，杯渡禅师在九华山创立寺院。唐代建化城寺，九华山逐渐成为地藏王菩萨的道场。明代在天台峰峰顶建有天台寺，在插霄峰上建有百岁宫、祇园寺。清代在神光岭上建上禅堂，山前建甘露寺，天台峰西麓建慧居寺，九华山成为四大佛教名山之一。

《名山图》中有《九华》一图。图中，九华山峰峦耸立，插入云霄。近景处两座峰崖相对。左侧山崖临崖处巨石平坦，长有松树，松林间有寺观建筑。右侧崖壁之间有一条磴道曲折向上延伸，转折处有一座山门（图8-12-1）。

《天下名山图咏》中亦有《九子山》图（图8-12-2）。

图 8-12-1
［明］《名山图》——《九华》

图 8-12-2
[清]《天下名山图咏》——《九子山》

第十三节　武当山图像

武当山位于湖北西北部，昆仑、秦岭褶皱东南的武当山隆地，大巴山脉东延北支，又名太和山、参上山、太岳。山北为汉江丘陵和谷地，南为山地，多悬崖峭壁，主峰为天柱峰、照面峰、南岩等。[①]武当山是我国传统的道教文化中心，据传为玄天真武大帝得道之处。唐代，武当山列为道教七十二福地之一。唐贞观年间武当山灵应峰建有五龙祠，北宋宣和年间，武当山顶建紫霄宫。明代，武当山地位大幅提高，明成祖在武当山大兴土木，营造了规模宏大的寺观建筑群。

《新镌海内奇观》中有《太和山宫观总图》《太和宫图》《南岩宫图》《紫霄宫图》《五龙宫图》《玉虚宫图》《遇真宫图》《迎恩宫图》，描绘了武当山的宫观与景观风貌（图8-13-1-1~图8-13-1-8）。

《太和山宫观总图》中，太和宫位于天柱峰上最高，位置最高。其次为南岩宫。天柱峰山腹有乌鸦庙、榔梅祠、雷神洞、滴水岩，其东北为紫霄宫、复真观、龙泉观、威烈观，其北有行宫仁威观、老姥祠、自然庵、隐仙岩、灵应岩、灵虚岩。紫霄东四十里有关王庙、太上岩、玉虚岩、回龙观、八仙观。玉虚宫东有遇真元和观、修真观。山麓有迎恩宫，城中有净乐宫。

太和宫位于武当最高峰天柱峰上，元代曾在此建铜殿，明成祖时期改为金殿。《太和宫图》中，峰顶为紫金城，太和宫位于紫金城下，城关称为南天门、西天门。沿磴道登顶依次有一天门、二天门、三天门。宫墙开有朝圣门，内有朝圣殿、钟鼓楼，向下为元君殿、圣父母堂，另有诵经堂、神厨、龙池、龙庙，再往下为方丈、斋堂。摘星桥又名会仙桥，架于两山缺口处、靠近二天门处。图右侧为妙化岩，清微宫位于其上，据传为张三丰修炼之处。

南岩宫又名天一真庆宫，位于南岩上。《南岩宫图》中，南岩宫绘于画面中央，入口通道分别与南天门、北天门相接。圆光殿建于小山阜前，下临黑虎岩。山阜后为飞升台。陡崖边有元君殿，其上有圣父母殿和祖师殿，其下有紫霄岩。与元君殿相对的为崇福岩，岩上建有五师殿。崇福岩后为雷神洞。南岩宫南有榔梅祠，西北为滴水岩、仙侣岩、青羊桥。

紫霄宫位于展旗峰下，《紫霄宫图》中，前有三公峰、五老峰，宫门两边分别有日池、七星池，宫后两边分别有月池、真一池，东侧方丈以北有上善池。大殿后为太子岩、蓬莱第一峰。东侧为炼丹岩，西侧为七星岩、三清岩，岩下有榔梅园，其南为福地殿。福地殿北为万松亭，殿东为赐剑台。

五龙宫即五龙应真宫，位于五龙峰下，前为金锁峰，旁有磨针涧。《五龙宫图》中，宫殿内部殿宇前后数重，主殿有两座，分别为玄帝殿和启圣殿。出宫门向右可至榔梅台，下山过大宫门可至真官堂、云堂。老姥祠位于宫北磨针涧边，行宫位于茅阜峰下，殿后有茅阜石。隐仙岩、仁威观均位于宫北。宫西有凌虚岩、自然庵，庵东有炼丹池。诵经台位于桃源峰东。

---

① 住房和城乡建设部风景名胜区管理办公室：《风景名胜区》（下），第12页。

玉虚宫位于展旗峰北，据传张三丰在此地建庵。《玉虚宫图》中，宫外道路分别通向东天门、西天门，西天门附近有八仙台、仙桃观、华阳亭。石渠溪涧环绕宫区，涧东为东道院，西为西道院，渠北有斋堂。山门外有真武坛、泰山庙，宫门左有钵堂，右有云堂，入内殿宇分为前后数重。西坞西山下有仙衣亭，亭后为张仙洞室，室外有铜碑，以及启圣殿、元君殿、望仙楼等建筑物。

遇真宫位于武当山山麓，又名黄土城，洪武年间张三丰在此建庵舍。《遇真宫图》中，右有望仙台，左有黑虎洞，山水环绕。宫区呈方形，前有会仙桥，道旁有泰山庙。山门外有修真观。宫内主殿为真仙殿，建于永乐年间。

迎恩宫位于武当山北麓石板滩。山前诸涧汇于一水，永乐年间在此建石桥，成化年间在此建造宫观。《迎恩宫图》中，石桥位于宫门外，桥下溪涧水流汹涌。宫内主殿用以祭祀玄帝，殿右为堂，左为庙，另有方丈、书房、仓库等建筑。①

《名山图》有《武当》一图。图中，武当山峰峦环列，中有云海，云中露出峰顶台层，其上建有宫观。宫门前有拱桥横跨山涧，溪涧沿着山沟流淌而下，涧侧有磴道曲折而下，山道两边松林掩映、云雾缥缈（图8-13-2）。

《天下名山图咏》中亦有《武当山》图（图8-13-3）。

---

①［明］杨尔曾：《新镌海内奇观》卷九。

图 8-13-1-1
[明]《新镌海内奇观》——《太和山宫观总图》

图 8-13-1-2
[明]《新镌海内奇观》——《太和宫图》

图 8-13-1-3
[明]《新镌海内奇观》——《南岩宫图》

图 8-13-1-4
[明]《新镌海内奇观》——《紫霄宫图》

图 8-13-1-5
[明]《新镌海内奇观》——《五龙宫图》

图 8-13-1-6
[明]《新镌海内奇观》——《玉虚宫图》

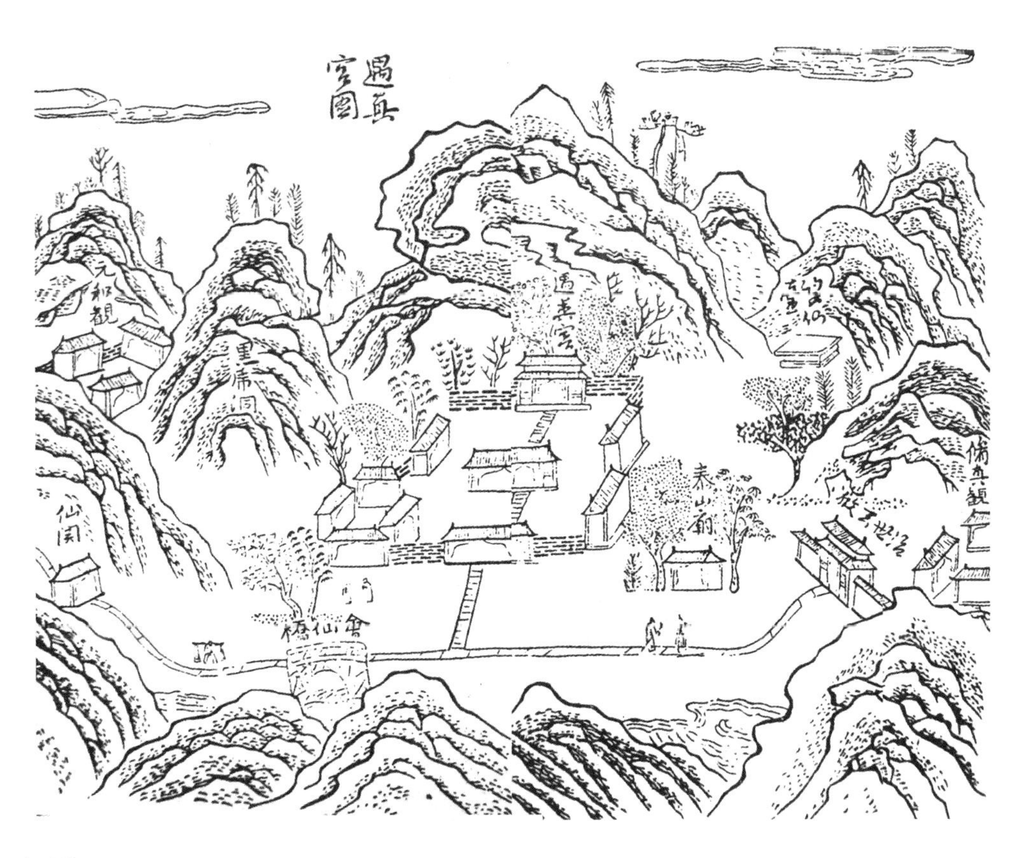

图 8-13-1-7
[明]《新镌海内奇观》——《遇真宫图》

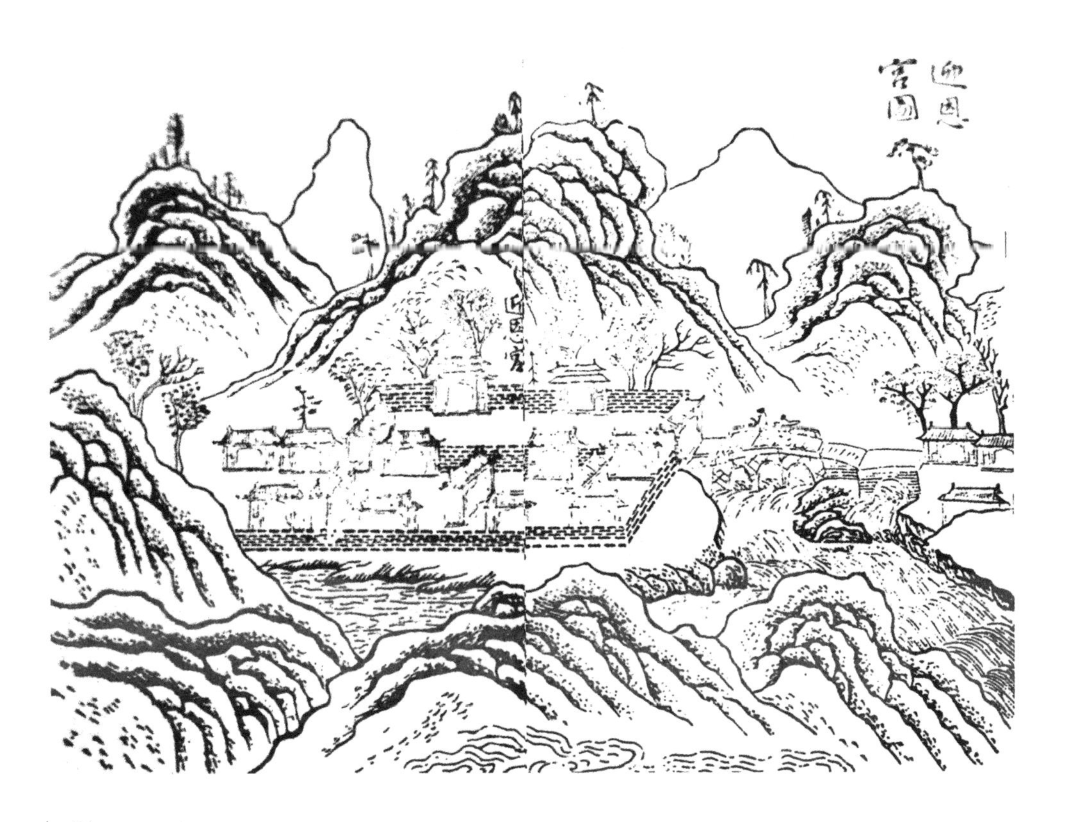

图 8-13-1-8
[明]《新镌海内奇观》——《迎恩宫图》

图 8-13-2
[明]《名山图》——《武当》

图 8-13-3
[明]《天下名山图咏》——《武当山》

第十四节　西樵山图像

西樵山位于珠江三角洲佛山市南海区，西江、北江之间，由第三纪古火山喷发后形成，山色绚烂如锦。广州东南罗浮山称为东樵，与西樵山并称为“南粤名山”。西樵山峰峦叠嶂、环境幽静、植被葱郁、风光秀丽，明中叶之后众多理学家在此营造书院读书、讲学，传播文化，因此西樵山成为南中国的文化中心之一。①

《西樵全图》全景式描绘了西樵山的群峰景观。自右向左分别为吉水峰、幡子峰、长庚峰、白云峰、玉廪峰、火盖峰、象峰、天镇峰、大燕峰、云端峰、御屏峰、葫芦峰、石牌峰、鹤胜峰、白石峰、燕巢峰、双马峰、帽子峰、铁泉峰、龙泉峰、金钗峰、凤皇峰、三镇峰、大良峰、鹧鸪峰、珠峰、云路峰、马鞍峰、玉峰、浦口峰、琵琶峰、雷坛峰、大仙峰、金钟峰、紫帽峰、纱帽峰、钵子峰、黄旗峰、宝峰、虎头峰、白山峰、胡琴峰、大科峰、小科峰、黄云峰、太尉峰、睡牛峰、碧云峰、紫云峰、翠云峰、天峰、鸡镇峰、聚云峰、骢马峰、狮子峰、福老峰、玉案峰、龙爪峰、胜云峰、聚仙峰、旋峰、双荔峰、狮脑峰、丫髻峰、雀子峰、小鸡冠峰、大鸡冠峰。山四周田野阡陌，村舍环绕（图8–14–1）。

西樵山主峰为大科峰。《大科峰图》中，大科峰位于左侧图版，山姿雄伟挺拔，右侧图版绘有小科峰，与之遥相呼应。山顶有见日台，山南石壁上刻有“天空海阔”四字。山腰云雾缭绕，云雾之下为云谷，为登山通道（图8–14–2）。

东四峰位于大科峰东侧，包括碧云峰、紫云峰、黄云峰、翠云峰，四峰屏列。《东四峰图》中碧云峰为四峰中最高者，与大科峰比肩，其南侧石峰耸立，名为神女石。黄云峰、紫云峰峰势挺拔，翠云峰石壁错立，峰谷下有翠云泉。图中云雾弥漫于山中，峰头均冲出云霄（图8–14–3）。

天峰位于大科峰之南，峰下谷地称为云谷。《云谷图》中，谷地四周峰峦环抱，谷中主体建筑为云谷书院。图中，书院主体建筑为见泉楼，楼高两层，面阔五楹，进深三楹，两层重檐。一层四周有回廊，前有月台石栏。楼前为广院，四周有围墙，院前为白沙祠。白沙祠为岭南学派代表人物湛若水所建，用以祭祀其师父陈白沙。见泉楼两侧各有瀑布清泉，泉水源自大科峰，分为两股，自天峰向东泻入云谷者为右天泉，自福老峰流入云谷者为左天泉。见泉楼立于两泉之间，近泉水处分别建有右瀑亭和左瀑亭。图中左天泉边建有二妙阁，歇山顶，亦为湛若水所建。两泉绕过书院，在白沙祠前汇于一处。入口通道位于图像右下角，两侧石崖耸立，称为云门（图8–14–4）。

南四峰分别为紫姑峰、双荔峰、大鸡冠峰和小鸡冠峰。《南四峰图》中，四峰从右向左依次排列，其中以大鸡冠峰为最高。四峰石崖高耸，山势陡峭。大鸡冠峰山巅上有一处较为平坦的石台，称为独醒台。山腰松冈上青松较多，冈上建有两处庵房（图8–14–5）。

---

① 温春来、梁耀斌：《丛书总序》，[清]刘子秀：《西樵游览记》，桂林：广西师范大学出版社，2012年。

图 8-14-1
[清]《西樵游览记》
——《西樵全图》

西樵全圖

图 8-14-2
[清]《西樵游览记》——《大科峰图》

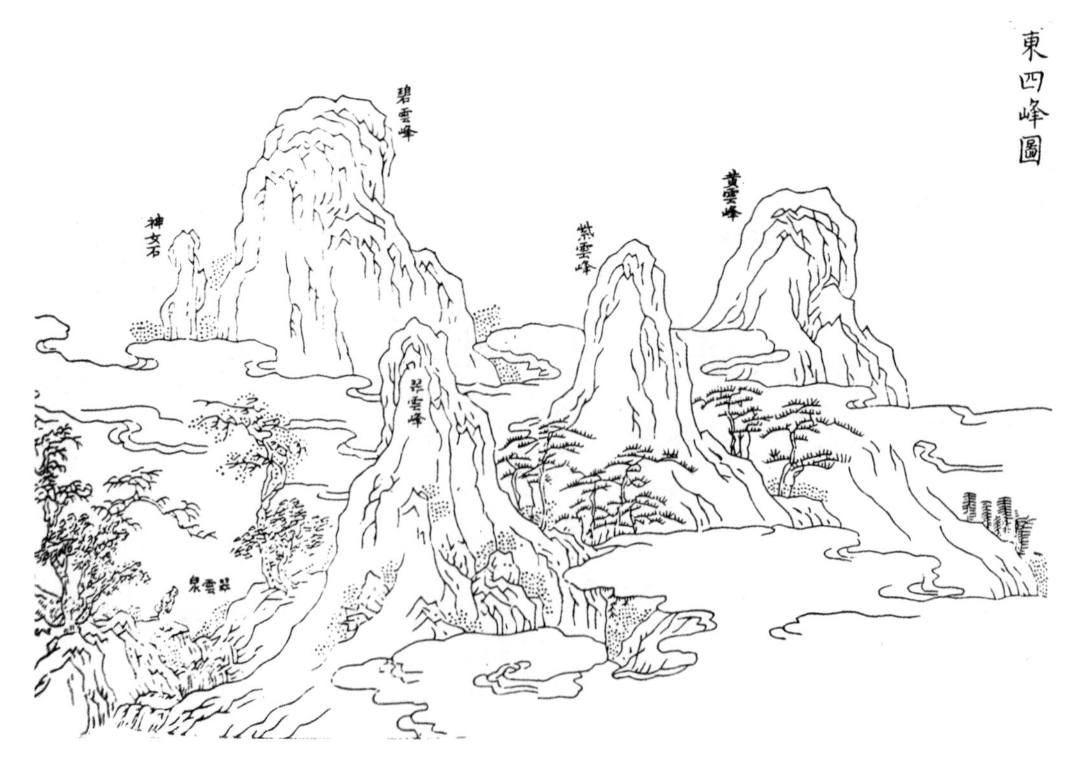

图 8-14-3
[清]《西樵游览记》——《东四峰图》

图 8-14-4
[清]《西樵游览记》——《云谷图》

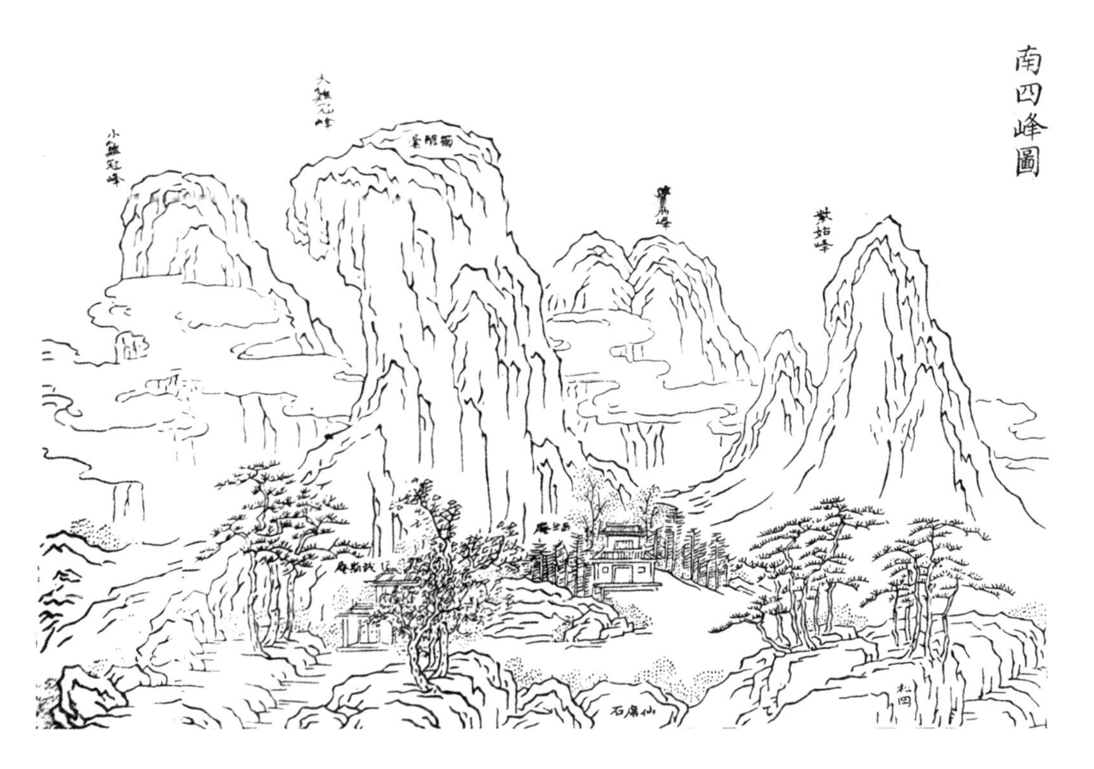

图 8-14-5
[清]《西樵游览记》——《南四峰图》

玉廪峰位于西樵山西部，形同仓廪，故名玉廪峰。《玉廪峰图》中，峰头偏于画幅右部，峰上有仰辰台，一侧为悬崖峭壁，另一侧为登峰磴道，峰头下云雾缭绕。玉廪峰西麓为石门溪，溪涧上游为九曲清泉，自峭壁流淌而下。磴道夹在峭壁与溪涧之间，曲折而下。沿着水系和磴道自上而下有仙隐岩、读书岩，读书岩对岸为石门洞，洞口乱石交错（图8-14-6）。

《天字镇图》描绘了御屏峰和天镇峰。两峰位于西樵山北，御屏峰绘于图左，天镇峰绘于图右。御屏峰四壁直立，顶部方直，犹如巨大的石屏，山中部有宽敞的石台，名为长春台，台后可见一股清泉悬挂半空。天镇峰高于御屏峰，峰头高耸入云。两峰山麓有成片的田野，山脚的树林中可见多处村舍。天镇峰脚下有小西湖，湖内多荷花，湖边溪涧上架设有单孔亭桥（图8-14-7）。

浦口峰位于黄旗峰东，靠近大江。《浦口峰图》中，黄旗峰位于后，浦口峰位于其前，山谷、山麓植被葱郁。两峰之前为大江，江边有数处较为密集的建筑群。画面中央的衙署建筑群，是江浦司所在，其旁边的石地塘，可以观赏江景。近景处螺冈隆起，与石地塘和江浦司隔江相对（图8-14-8）。

图 8-14-6
[清]《西樵游览记》——《玉廪峰图》

图 8-14-7
[清]《西樵游览记》——《天字镇图》

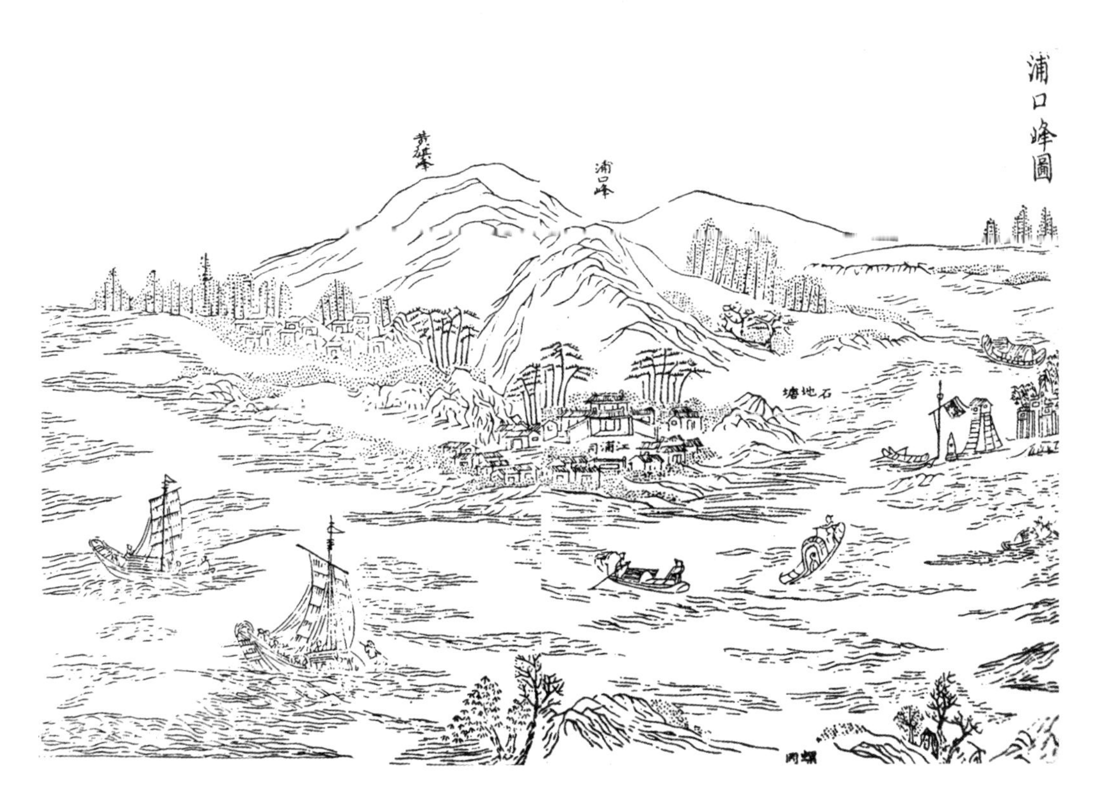

图 8-14-8
[清]《西樵游览记》——《浦口峰图》

狮子洞位于南粤西樵山七十二峰之一狮子峰下。《狮子洞图》中，狮子峰山势雄阔，宛若卧狮。山腰处有罗汉石，石下为沈婆坑，四面崖壁环抱，中央为平缓田地。其下方石梁横跨山崖，梁下瀑布流水，植被葱郁。狮子峰峰顶偏于图版右部，山顶瀑布泻流而下。左侧峰腰处有突出的石台，称为仙林石。石台下为狮子洞。溪涧自洞口而出，曲折汇入下方的水潭。涧旁有珪璋石，水潭边有玉镜台，台上建有草亭（图8-14-9）。[①]

西樵山喷玉岩又名水帘洞、乌利洞，据传为南汉时期乌利修炼之处。《喷玉岩图》中，喷玉岩处于九曲溪之下，上有石梁横跨，形成石洞，洞内宽敞，置有石桌凳。九曲溪越过石梁，形成水帘瀑布，直泻至下方的河床之中。瀑布遮住了一部分洞口，因石块阻挡，水珠飞溅。瀑布西侧为玉泉精舍，岭南学派湛若水所建。精舍楼高两层，重檐歇山顶，面水而建，景致幽绝。磴道呈“之”字形，入口处矗立一座四柱三间牌坊，山顶处立有第二座牌坊，牌坊后有壁立洞（图8-14-10）。[②]

宝林洞位于西樵山宝峰下，其南侧为四峰书院。《宝林洞图》中，四峰书院处于画面的中心，宝林洞为书院建筑所遮挡。书院主体建筑为敦古堂，堂高两层，面阔五楹，重檐歇山顶，前有石栏月台。敦古堂两侧分别为毓秀轩和崇礼堂，均为一层高，面阔三楹。敦古堂前面为环翠楼与卧云楼，楼南为天池，池内放置有钓船。东侧另有一池，称为玉池，又名洗砚池。池北为钓台和蓬莱岩，其东侧有临翠台，池南聚仙峰上建有敬亭（图8-14-11）。

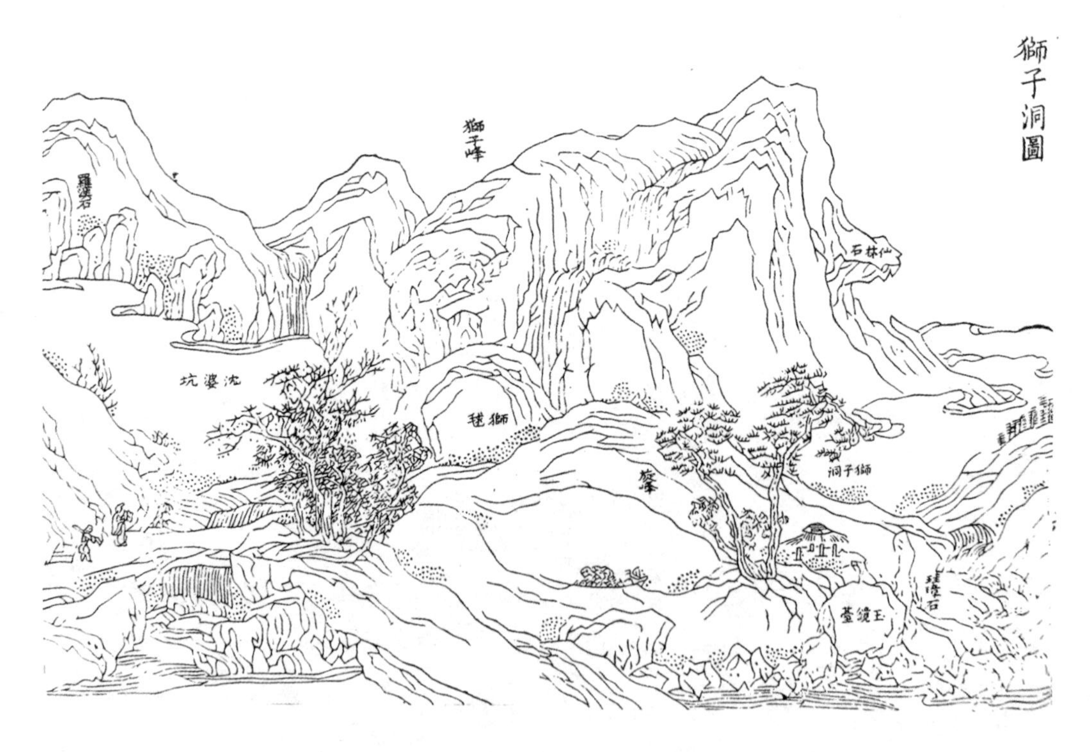

图 8-14-9
［清］《西樵游览记》——《狮子洞图》

①［清］刘子秀著，黄亨、谭药晨刊补：《西樵游览记》（卷二），桂林：广西师范大学出版社，2012 年，第 88 页。
②［清］刘子秀著，黄亨、谭药晨刊补：《西樵游览记》（卷二），桂林：广西师范大学出版社，2012 年，第 96 页。

图 8-14-10
[清]《西樵游览记》——《喷玉岩图》

图 8-14-11
[清]《西樵游览记》——《宝林洞图》

九龙洞位于宝峰东侧。《九龙洞图》中，九龙洞实为受到侵蚀的石崖，因石壁表面多洞壑，形态屈曲突兀、变化繁复，故称为九龙洞。九龙洞内有通天岩，其上有石阁，阁外有通天台，较为宽敞，可供宴乐和观景。九龙洞旁有玲珑岩、讲学岩，石壁瘦削而通透，讲学岩下为石室，空间宽敞，为湛若水治学之处。图中山岩前方为溪涧，自右向左流淌，沿溪涧依次为湛子[①]墓、借方台、水阁、柱笏台、万竹台、湛子洞。湛子墓绘于画面右侧，墓碑后的坡上长有松树。柱笏台、万竹台均为溪涧边的石台和石矶。万竹台与水阁两侧均有篁竹。湛子洞位于两石崖之间，溪涧过洞后，因高差变化水势湍急（图8-14-12）。[②]

凤皇台位于西樵山凤皇峰下。《凤皇台图》中，凤皇山山体高耸，峰峦苍秀，松林挺拔。山峰南部有凤皇岩，因侵蚀多钟乳石，岩内中空形成石室、石洞，旁有瀑布直泻而下，注入浴凤池。水从池中溢出，流入凤皇谷中。溪流弯绕出山口，山口有巨大的石台，名为凤皇台。台下怪石嶙峋，溪流轰鸣，其中又有一石称为碧玉岩，岩下深渊，瀑布垂直泻下（图8-14-13）。

烟霞洞位于西樵山大科峰西侧、雷坛峰北，是湛若水隐居与著书之处。《烟霞洞图》中，主景为栖霞楼。栖霞楼高两层，重檐歇山顶。楼前有茹芝堂、正谊堂，后有崇经楼、仰止亭等建筑。洞口石壁嶙峋，以石为扉门。洞外为大科书院。大科书院占地宽敞，主要建筑凝道堂、进修斋、敬艺斋等沿中心轴线排列，另有时时亭、寅宾馆等建筑物，四周围以墙壁和廊庑，院内外中有篔竹。书院前方有太史坊，坊前为大鼀池。池外隔坡冈松林，可见烟霞洞门。太史坊之后有曲折的磴道通向抱真墓，墓后的石崖上有望沙台和怀沙亭，后方的雷坛峰顶有宽敞的石台，称为超然台。据传，湛若水曾在大科书院讲学，各地慕名求学之人在此云集，大科书院因此与岳麓山白鹿书院齐名，西樵山遂成为道学名山（图8-14-14）。[③]

锦岩位于西樵山烟霞洞西，岩质丹紫，色彩绚烂，故名锦岩。《锦岩图》中，锦岩右侧的峰峦为铁泉峰，峰下石子田地形平坦，近山麓处建有樵山祖庙。铁泉峰右侧山谷之中有龙泉精舍。山涧自谷中涌出，过龙泉精舍，一路奔流而下，溪涧边山石密集，隔山石有曲折的山道，直通接乘庵的入口。樵山祖庙右侧、铁泉峰山脚为精舍。精舍建筑稍多，前面平原田野，后为石燕岩。石燕岩右侧为藏书岩和锦岩，其间山涧流淌，一路流淌直至平原。靠近锦岩处还建有一处锦岩庵（图8-14-15）。

---

① 湛子即为湛若水的别称。

②［清］刘子秀著，黄亨、谭药晨刊补：《西樵游览记》（卷二），桂林：广西师范大学出版社，2012年，第104页。

③［清］刘子秀著，黄亨、谭药晨刊补：《西樵游览记》（卷二），桂林：广西师范大学出版社，2012年，第120页。

图 8-14-12
[清]《西樵游览记》——《九龙洞图》

图 8-14-13
[清]《西樵游览记》——《凤皇台图》

图 8-14-14
[清]《西樵游览记》——《烟霞洞图》

图 8-14-15
[清]《西樵游览记》——《锦岩图》

广朗洞位于西樵山西北，距离锦岩数百步。《西樵游览记》中有《广朗洞图》。图中，广朗洞位于画面右侧，洞口石壁嶙峋，洞内田百亩，溪水环流。[①]洞口前为广朗坪，地形平坦，田野肥沃，溪涧中流。溪涧分别源自左垂虹泉和右垂虹泉。图中两泉分别位于画面两侧，犹如山谷瀑布。两泉之间的山峰上建有双瀑亭。亭下乐尧庄为湛若水及其弟子躬耕处，庄内有多栋屋舍，栅栏围合，前开扉门。庄前有峻洁亭，攒尖亭顶。右垂虹泉源自锦岩，其左侧谷地中坐落有书院建筑群，其中主体建筑高两层，重檐歇山顶，四周均有建筑围合（图8-14-16）。

白云洞位于西樵山西麓。《白云洞图》中，峭壁森列，山势险要。图中左、右各有一股清泉，源自三叠瀑，泻流而下。右侧清泉流经白云石室、洗心石，汇入深潭。白云石室即白云洞所在，据传为何白云先生[②]读书之处。其右方为观音岩，洗心石下方有流杯池，为曲水流觞之处。深潭边有云瀑亭，高两层，四面回廊，重檐歇山顶。潭两侧石崖突起，前为华盖峰，与对岸的披云台对峙，台上建有吸云亭。图左的清泉自山间流下，形成叠瀑，泻入山谷。其侧边石崖隆起，峭壁如刀削，崖顶为逍遥台，崖下青松环绕，松林之间可见白云寺依山面水而建（图8-14-17）。

西樵山石泉洞是明代著名士大夫方献夫讲学之处。方献夫曾在石泉洞创建石泉精舍，后因其位列台辅，而石泉精舍贮藏御赐书籍而改称石泉书院，成为西樵山四大书院之一。《石泉洞图》中，石泉洞南侧的天湖，是西樵山中较大的池潭。天湖与下天湖之间以土堤相隔，堤中有一座三拱洞的留虹桥。天湖之水源自其上方的瀑布与清泉，岸边建有六边形的天湖亭，亭下台基四周嵌有栏杆，四面通透。靠近留虹桥桥端的驳岸边有一座石矶钓台，是方献夫钓鱼之处。钓台对岸有巨大的石块，上面有巨大石台，称为伏虎台。伏虎台下水系环绕，其北侧溪涧上架桥，过桥为一处高地，石泉书院即建于此处。图中书院建筑气度恢宏，主建筑为紫云楼，高两层，重檐歇山顶。紫云楼前有一栋卷棚顶的前室，与紫云楼、入口门厅形成书院的中心轴线，轴线两侧亦有建筑对称布置。书院后为白山村，前面临崖处有蟠龙石，石下多有泉眼，石前建有一座四柱攒尖顶的舆鹿亭（图8-14-18）。

观翠岩位于碧云村附近。《观翠岩图》中，岩壁摩空，藤萝交织，石梁上卷，形成石室。石室后为崖壁，前为磴道，磴道直通崖顶，侧临峭壁。瀑布自岩间流出，经石岩阻挡，形成叠瀑，直落入下方的积翠池中，池水最终流向画面右下角。积翠池位于观翠岩之下，池边建有一座两层高、卷棚重檐顶的阁楼。楼前方有一座四面通透的攒尖顶小亭，亭下置有座凳。积翠池水口处架有一座单孔拱桥，桥端与磴道相连，可通向石室（图8-14-19）。

---

①［清］刘子秀著，黄亨、谭药晨刊补：《西樵游览记》（卷二），桂林：广西师范大学出版社，2012 年，第 129 页。

② 何白云，名亮，明隆庆年举人，曾在白云洞隐居读书。见陆琦：《南海西樵山》，广东园林：2012 年第 5 期，第 77、78 页。

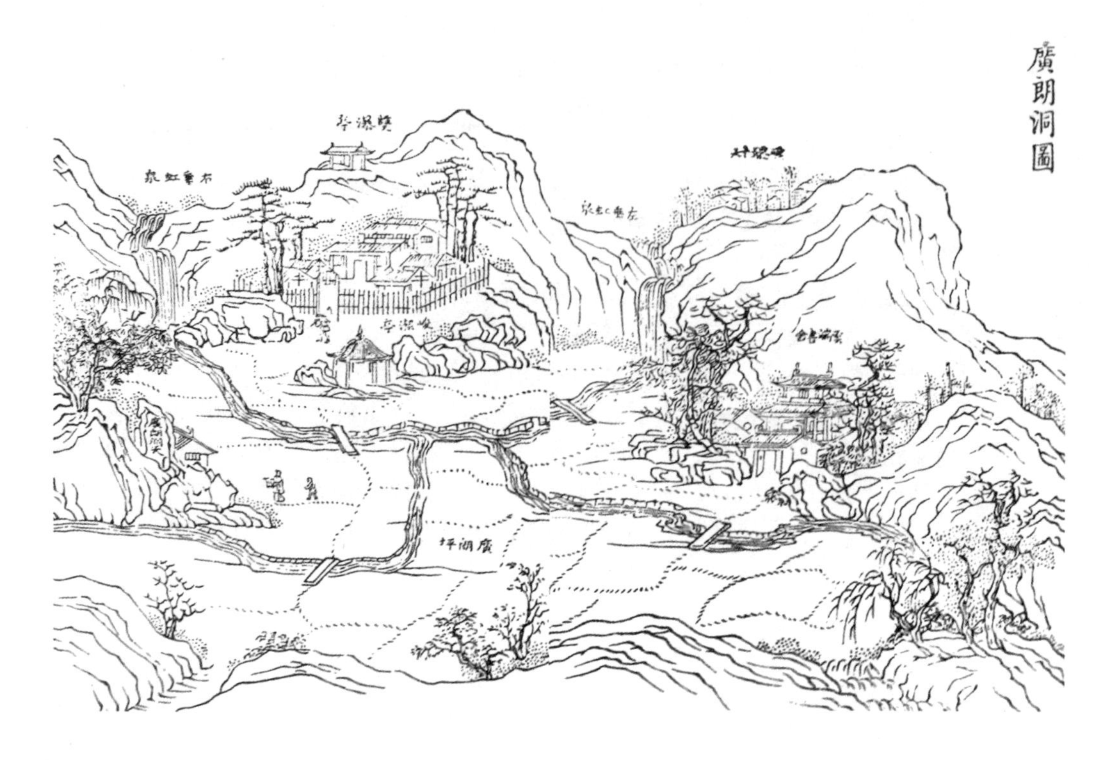

图 8-14-16
[清]《西樵游览记》——《广朗洞图》

图 8-14-17
[清]《西樵游览记》——《白云洞图》

图 8-14-18
[清]《西樵游览记》——《石泉洞图》

图 8-14-19
[清]《西樵游览记》——《观翠岩图》

碧玉洞位于天湖下方，天湖之水在此形成瀑布，被誉为西樵山瀑布之冠。《碧玉洞图》中，四峰屏列，自右向左分别为金钗峰、珠峰、玉峰和横镇峰。金钗峰与珠峰之间有怪石形同仙人，称为仙人石。大股瀑布从珠峰与玉峰之间涌出，泻入珠峰下的玉湖之中。瀑布下的石崖底部中空，形成石穴。石穴实际为碧玉洞的一处入口，内有听玉石室。玉湖之上的石台称为飞玉台，台下有流杯池。玉湖水自石穴边流出，流经漱玉岩。漱玉岩为玉峰下的巨石，岩后有清虚亭，清虚亭后一股清泉，自玉峰与横镇峰之间直泻而下。图像右下部的山麓部分有一处龙井，水自龙头吐出，流入方池之中。池前有寒泉亭，四周多为梅花树。池边的松林、篑竹之间为方子山居，即方献夫所居之处。其中有宝翰楼、五龙堂等建筑（图8-14-20）。①

三叠瀑位于西樵山西北。因西樵山西北水系皆汇流于广朗洞，受长庚峰、白云峰影响，水流交集，分数级泻流而下，形成三叠瀑布。②《三叠瀑图》中，瀑布之水自图版右上部两峰之间涌出，沿山势曲折而下，直流入白水坑。瀑布右侧石壁间有仙人洞。图版左侧一股瀑布自山间白云中涌出，转而从峭壁跌落（图8-14-21）。

宝鸭池为西樵山中的一处池潭，靠近方献夫③所修筑的耕足窝。《宝鸭池图》中宝鸭池位于四面环山的谷地之中，池一侧地形起伏平缓，种有桑田，

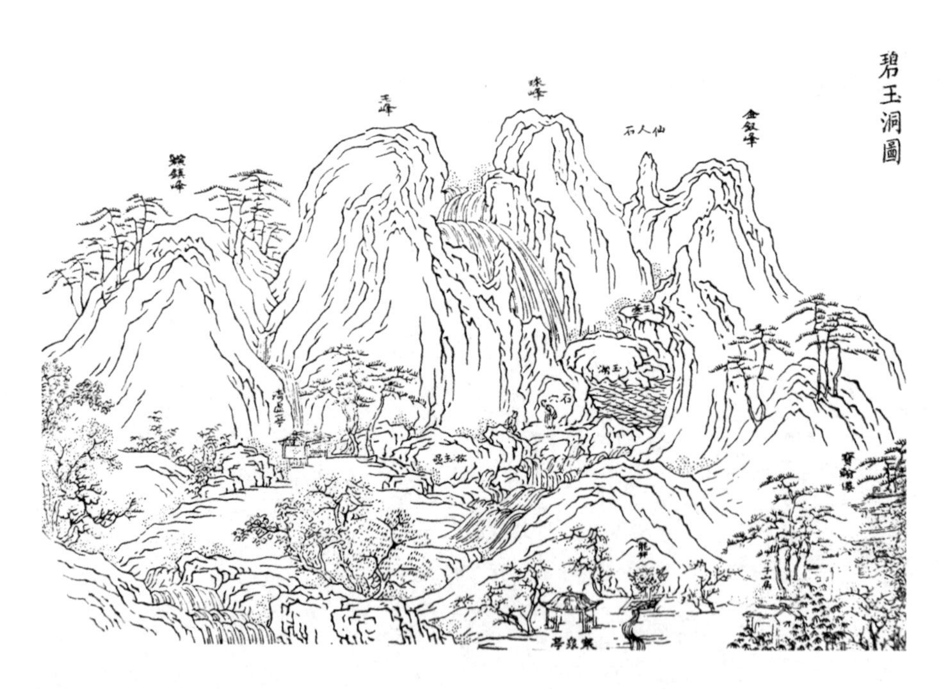

图 8-14-20
[清]《西樵游览记》——《碧玉洞图》

①[清]刘子秀著，黄亨、谭药晨刊补：《西樵游览记》（卷二），桂林：广西师范大学出版社，2012年，第152、153页。
②[清]刘子秀著，黄亨、谭药晨刊补：《西樵游览记》（卷二），桂林：广西师范大学出版社，2012年，第132页。
③ 方献夫，字叔贤，南海人，弘治十八年进士，曾为王阳明弟子，在西樵山石泉书院中读书讲学。

田边矗立一处合院式建筑群，即为耕足窝。池水绕田，从耕足窝入口大门前流过。池另一侧山崖耸立，称为蛇冈，其间有饮马泉，自石壁间泻下。泉水向左沿着山崖奔流，在于磴道汇合处形成泻钱泉。泉边石台上建有观泉亭，亭后青松挺立，亭下溪涧边的石坡为双鱼陂。泉水流经双鱼陂后，经过梅花溪最终汇入天湖（图8-14-22）。

图 8-14-21
[清]《西樵游览记》——《三叠瀑图》

图 8-14-22
[清]《西樵游览记》——《宝鸭池图》

图 8-15-1
[明]《名山图》
——《盘山》

第十五节　盘山图像

盘山，古名徐无山，又名四正山、无终山、盘龙山，属燕山山脉南部分支山系，中低山地貌。由于层峦叠嶂、山势雄奇，景色四季各异，山中曾建有寺庙七十三所，盘山不仅是佛教胜地，也是历代帝王与文人墨客的游兴之处。同时，由于地处京城与清东陵的交通要道上，清帝前往东陵祭祖，必经过盘山，在其东麓修建有盘山行宫，又称为静寄山庄。因此盘山又称为“京东第一山”。

盘山景观特色可概括为“五峰八石、三盘之胜”之说。五峰即盘山的五座主要山峰，包括挂月峰、紫盖峰、自来峰、九华峰和舞剑峰，主峰挂月峰海拔八百余米。八石则指盘山的八块奇石，悬空石、摇动石、晾甲石、将军石、夹木石、天井石、蛤蟆石和蟒石造型奇特、鬼斧神工。自山顶到山麓分为上中下三盘，景观特点不同，上盘多奇松，中盘多奇石，下盘则是以山泉、瀑布、池沼等水景为特点，称为“三盘之胜”。

《名山图》中有《盘山》一图。图中，盘山雄伟壮阔，峰峦险峻，极有气势。此时山中没有行宫，坡顶与山腰台地分布有两处寺院建筑群，其间通过曲折的山道相连接。较高的寺院旁有石塔。树木多为松树，下部较密集（图8-15-1）。

乾隆年间刊行的《钦定盘山志》中有《天成寺》《万松寺》《舞剑台》《盘谷寺》《云罩寺》《紫盖峰》《千相寺》《浮石舫》《古中盘》《上方寺》《少林寺》《云净寺》《东竺庵》《东甘涧》《西甘涧》《莲花峰》《双峰寺》《法藏寺》《青峰寺》《天香寺》《感化寺》《先师台》《水月庵》《白岩寺》，共二十四幅盘山风景、寺观的插图。该志书中另有盘山行宫图像十五幅，收录在本书上卷中。

天成寺、万松寺、舞剑台、盘谷寺、云罩寺、紫盖峰、千相寺、浮石舫构成了盘山外八景。天成寺始建于唐代，原名福善寺、天城寺，是盘山久负盛名的寺院之一。盘山寺院大部分位于险峻幽秘之处，或者临崖而建，只有天成寺路途较为平坦。《天成寺》图中，寺院处于山坡中的台地上，依山而建。磴道自画面左下角开始，向右上方延伸，直至寺院山门。寺院建筑大致处于两个台层上。在较低的台层上，建筑围合成方院，形成左右两个跨院。山门朝向磴道。主入口位于高台上，台前左右矗立有两杆，门殿上写有“江山一览”四字。后一个台层较高，建筑稀少，台侧矗立有一座寺塔（图8-15-2-1）。[①]

万松寺位于盘山舞剑台东，原名卫公庵。《万松寺》图中，寺院周边山坡上皆为松树。寺院主建筑群前后分为三重院落，山门位于较低的台地上，门前左右各有一条桅杆。山门后有台阶甬道通向大殿。大殿前后两座，均为五开间、悬山顶，两侧配殿与大殿围合成中院。后院面积较大，院内置有假山，假山后面的后殿面阔七间。山门一侧另有一处幽秘的回院，主屋面阔三楹。山前有两座石塔（图8-15-2-2）。

舞剑台位于万松寺西的西峰上，据传为唐代李靖舞剑之地。崖壁上刻有明代戚继光诗作。《舞剑台》图中，背依西峰山坡建有数栋建筑，最大的面阔五间，建筑前有平地，四周植被葱郁。两侧的沟壑中有泉涧流淌（图8-15-2-3）。

盘谷寺建于清初，位于盘山谷地。《盘谷寺》一图中，寺院处于峰坡环绕之中，旁有溪涧流淌。此地环境幽秘，原为隐士所居之处。盘谷寺主要建筑建于高大的石砌台基上。门殿前有碑亭，殿后建筑围合成前后方院。高台下有两栋建筑，一栋三开间，一栋五开间，建筑基本为悬山顶（图8-15-2-4）。

《云罩寺》一图描绘了挂月峰与云罩寺景观。图中，挂月峰峰顶位于图像左上部，峰头插入云霄，山中多种有奇松，峰下云雾缥缈，有奇绝之势。峰顶矗立一座定光舍利塔。塔四周环绕围墙，墙内露出一座攒尖亭顶与无梁殿殿顶。峰下为云罩寺。云罩寺原名降龙庵，与定光舍利塔一样，均始建于唐代。图中云罩寺被云雾遮挡，露出两部分寺院。位于前方的为山门、主殿，两边有侧殿，围合成合院。山门前临高台，入口通道向侧边延伸。后方的为一栋卷棚悬山殿宇（图8-15-2-5）。

紫盖峰峰峦奇丽，在盘山诸峰中首屈一指。《紫盖峰》一图中，山形险峻，云雾盘绕，植被苍郁。山中有寺院，在云中露出殿阁屋顶。寺中有舍利塔（图8-15-2-6）。

《千相寺》一图中，寺院依山而建，山门前有平地，磴道掩映在松木之中。山门后有大殿，两侧有配殿。大殿左侧另有跨院，院后有重檐楼阁。寺院后部有两座高台。大殿背后的高台上建有一座三开间卷棚顶的殿宇。其左侧的高台上有以卷棚顶建筑围合的合院（图8-15-2-7）。

浮石舫位于上甘涧东北峰顶。《浮石舫》图中，此处多有巨石、奇石，巨石形似巨船，四周云雾缥缈，如同大船在乘风破浪（图8-15-2-8）。

盘山中盘以奇石取胜。《古中盘》一图描绘了中盘风景与中盘寺。图中中盘

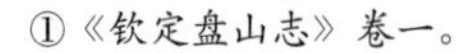

①《钦定盘山志》卷一。

图 8-15-2-1
[清]《钦定盘山志》——《天成寺》

图 8-15-2-2
[清]《钦定盘山志》——《万松寺》

图 8-15-2-3
[清]《钦定盘山志》——《舞剑台》

图 8-15-2-4
[清]《钦定盘山志》——《盘谷寺》

图 8-15-2-5
[清]《钦定盘山志》——《云罩寺》

图 8-15-2-6
[清]《钦定盘山志》——《紫盖峰》

图 8-15-2-7
[清]《钦定盘山志》——《千相寺》

图 8-15-2-8
[清]《钦定盘山志》——《浮石舫》

石峰奇巧，石崖与沟壑交错，石壁纹理明显，磴道曲折，石台平坦，间杂一些奇松。图像中心为中盘三峰环抱的平台，其上建有中盘寺。中盘寺原名正法禅院，后称为慧因寺，为康熙初年行乾法师所建。寺院以石墙分隔成两座主院。后院宽旷，后有主堂、厢房。前院又以隔墙、建筑分隔成小院。寺院入口位于右侧近石台处，松树成林，林后露出攒尖亭顶。左侧靠近石崖处建筑较为密集，围合成小院（图8-15-2-9）。

上方寺位置高寒，原为修行枯禅之处，乾隆时期重新整治。《上方寺》图中，寺院背倚峰崖而立，磴道穿过云雾直至山门。寺院建筑位于石砌台基上，门殿较小，入内主殿面阔三楹，两侧各有一座耳房，与配殿围合成方院。后有台地，其上建有一座小殿（图8-15-2-10）。

少林寺位于盘山谷口。《少林寺》图中，寺院处于山坳之间的台地上，山门面阔三间，前有空地，隔墙围合，墙外两股磴道绕寺而过。山门内有主殿，面阔三间，两侧有配殿，其右首有跨院。主殿后是巨大的石台，台上崖边建有数栋殿宇。后侧的坡上矗立一座楼阁式寺塔（图8-15-2-11）。

云净寺原名净业庵。《云净寺》图中，寺院建于崖边的台基上，远处山峰连

图 8-15-2-9
[清]《钦定盘山志》——《古中盘》

图 8-15-2-10
[清]《钦定盘山志》——《上方寺》

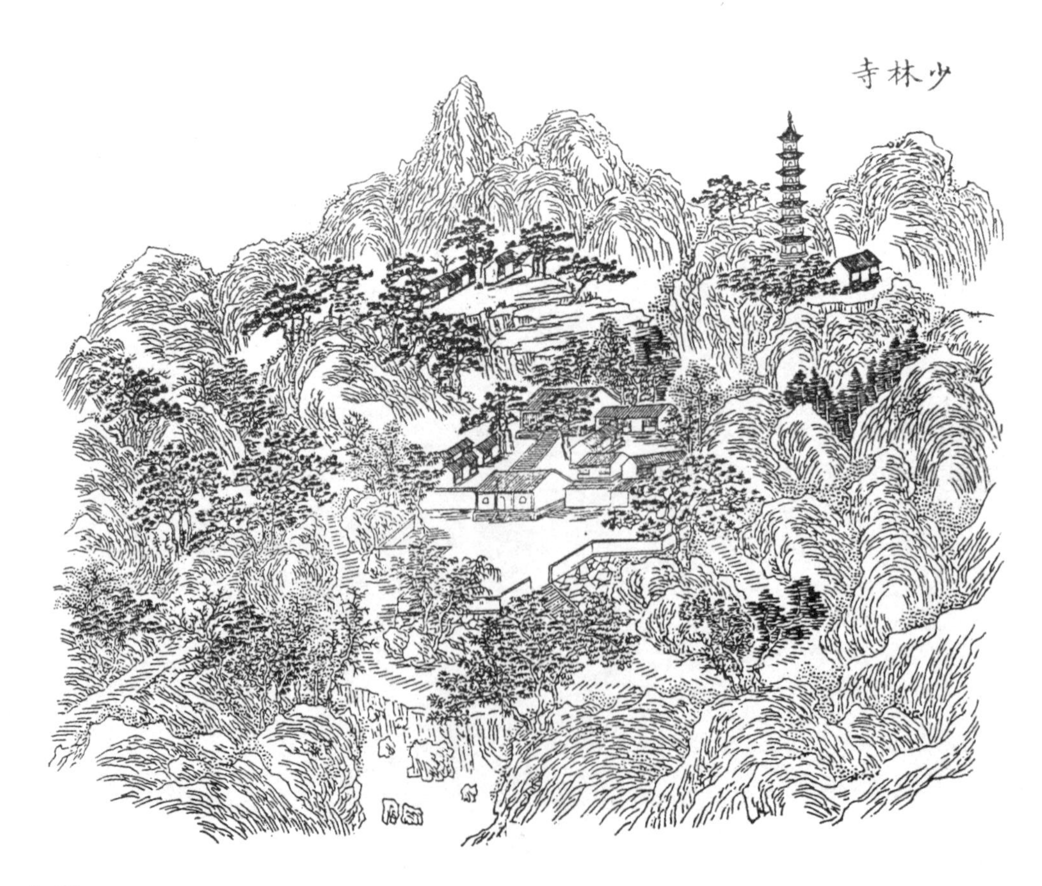

图 8-15-2-11
[清]《钦定盘山志》——《少林寺》

绵，四周植被葱郁、人迹罕至。山门前有台阶，后为主殿，两侧的围墙、配殿与主殿围合成方院。寺院建筑较少，风格朴素（图8-15-2-12）。

东竺庵位于盘山峪口。《东竺庵》一图中，山中多土少石。寺院山门前有沟壑，其上架有板桥。庵门面阔三楹，入内两侧有配殿，正面为主殿，围合成方院。隔墙重开辟有月洞门，过门是一座两层高、攒尖顶的阁楼（图8-15-2-13）。

盘山中有两条溪涧，相距不远，东侧的称为东甘涧，西侧的称为西甘涧。《东甘涧》一图中，溪涧边有石台，台上建有精舍。精舍以墙围合，中间为三开间的小殿，两侧为配殿，中央为广庭。配殿一侧建有两层高的小楼。《西甘涧》图中，涧上有桥，过桥可至寺院。寺内建筑朴素，以入口、主殿、配殿围合方庭（图8-15-2-14、图8-15-2-15）。

盘山东台又称莲花峰。《莲花峰》图中，峰峦突起，崖石奇丽。自峰腰以下，植被苍郁。云雾流淌，如同仙境（图8-15-2-16）。

双峰寺位于盘山西部，崖壁对峙如万仞，南面正对舞剑台。寺院位于山中台

图 8-15-2-12
[清]《钦定盘山志》——《云净寺》

图 8-15-2-13
[清]《钦定盘山志》——《东竺庵》

图 8-15-2-14
[清]《钦定盘山志》——《东甘涧》

图 8-15-2-15
［清］《钦定盘山志》——《西甘涧》

图 8-15-2-16
［清］《钦定盘山志》——《莲花峰》

层上。入口山门较小，入内有广庭，庭北是面阔五间、高两层的楼阁。楼中有通道，入内为中庭。庭北为主殿，两侧各有跨院。主殿北为后院。殿宇布局法度庄严（图8-15-2-17）。

法藏寺位于双峰寺后的山中。《法藏寺》图中，寺院位于台基上，规模较小，仅有入口门殿、主殿、配殿围合成的一座回院。殿宇均面阔三楹，门殿前有小型前院，侧边开月洞门与台阶相连（图8-15-2-18）。

青峰寺位于盘山青杨峪。《青峰寺》图中，寺院背倚山峰，四周植被苍翠。寺院背围墙分为前后两进院落。前院无建筑，仅在院角有一座入口山门，院内植有两株松树。主院院后为主殿，面阔三楹，左右各有一座耳房，院落两边各有一座配殿，围合成方院（图8-15-2-19）。

天香寺位于盘山行宫西北。《天香寺》图中，寺院位于山坡上，背倚小山

图 8-15-2-17
[清]《钦定盘山志》——《双峰寺》

图 8-15-2-18
[清]《钦定盘山志》——《法藏寺》

图 8-15-2-19
[清]《钦定盘山志》——《青峰寺》

峰，周边林木繁盛。寺院分为前后两重，入口门殿为歇山顶，两侧墙壁开辟有便门。入内为中殿、配殿围合的前院。其后是后殿、配殿围合的后院（图8-15-2-20）。

感化寺始建于唐代，乾隆十年（1745）重建。《感化寺》图中，寺院建于山峰南麓，格局为前后两重院落，后院进深较长。甬道连接山门、中殿、后殿，两侧有对称的配殿。配殿外侧又有跨院，东跨院分为前后两院（图8-15-2-21）。

先师台是盘山南部山峰。《先师台》一图中，山石突兀，崖壁峭立，峰上有较平坦的石台，台上有舍利塔，塔下有数间草庵（图8-15-2-22）。

水月庵位于盘山的一处泉眼附近，泉水涌出成池，池中映月，其上建造精舍奉观音，故名水月庵。《水月庵》图中，水月庵位于谷间的通道边，池塘位于庵内，池后为面阔三楹的主殿。旁有月洞门通往侧院（图8-15-2-23）。

白岩寺位于盘山东，与行宫宫门相聚十里左右。《白岩寺》一图中，寺院周围有密林深谷。寺院建于石砌台基上，是一座门殿、主殿和两座配殿围合的院落型建筑群（图8-15-2-24）。

图 8-15-2-20
［清］《钦定盘山志》——《天香寺》

图 8-15-2-21
[清]《钦定盘山志》——《感化寺》

图 8-15-2-22
[清]《钦定盘山志》——《先师台》

图 8-15-2-23
[清]《钦定盘山志》——《水月庵》

图 8-15-2-24
[清]《钦定盘山志》——《白岩寺》

《鸿雪因缘图记》中的《天成访医》《云罩登峰》《中盘纪石》《剑台品松》四图均为以盘山为主题的图像（图8-15-3-1~图8-15-3-4）。《天成访医》一图描绘了盘山翠屏峰与天成寺景观，与《钦定盘山志》中的插图《天成寺》有较大差别。图中，翠屏峰石壁嶙峋、峰势雄奇，山道自图面右下角引入，向左侧延伸，再转向右上方，在山坡与植被掩映中时隐时现。图中翠屏峰最高，封顶较平，横向石纹丰富，峰峦环抱之间的谷地中建有天成寺。寺院建筑背倚翠屏峰，背北朝南。入口山门建于较高的石基上，磴道自右下方引入，与山道相通。山门后为江山一览阁，高两层，阁后为佛殿，殿后矗立有十三级舍利塔。

《云罩登峰》图中内容与《钦定盘山志》中的《云罩寺》相似，不同之处在于峰顶的舍利塔造型和寺院建筑装饰有了变化。

《中盘纪石》所绘景物与《古中盘》相似，唯有在画面右上部的山坡台地上多了一处小回院。

《剑台品松》一图描绘的为盘山舞剑台。图中，山石嶙峋，磴道盘旋，漫山皆为松树，舞剑台被松林所遮挡。林中露出数栋寺院的屋顶。

图 8-15-3-1
[清]《鸿雪因缘图记》——《天成访医》

图 8-15-3-2
[清]《鸿雪因缘图记》——《云罩登峰》

图 8-15-3-3
[清]《鸿雪因缘图记》——《中盘纪石》

劍臺品松

图 8-15-3-4
[清]《鸿雪因缘图记》——《剑台品松》

《唐土名胜图会》中有《盘山》一图，呈现了盘山奇石、松林的景观特征（图8-15-4）。

《天下名山图咏》中有《盘山》一图（图8-15-5）。

图 8-15-4
［日］冈田玉山等《唐土名胜图会》——《盘山》

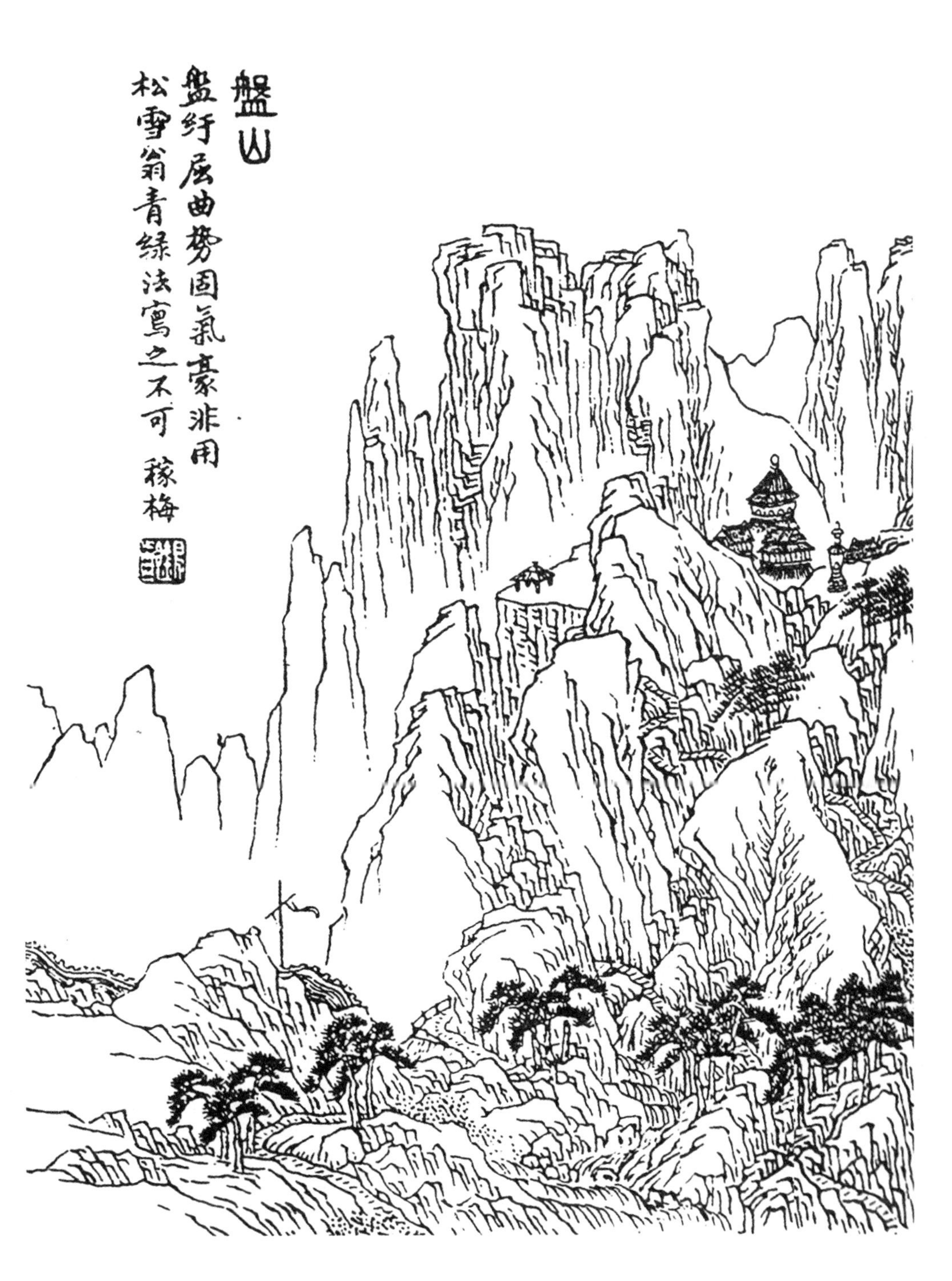

盤山
盘纡层曲势固氣豪非用
松雪翁青绿法寫之不可 稼梅

图 8-15-5
[清]《天下名山图咏》——《盘山》

第十六节　终南山图像

终南山为陕西地区的著名山脉，又名南山，连绵数百里，横曳关中。乾隆年间，陕西巡抚毕沅主持编纂的《关中胜迹图志》中有《终南山图》《南五台图》《楼观图》，描绘了终南山的自然与人文景观。《终南山图》是终南山的总图。图中显示，清代终南山位于石泉县、汉阴县、镇安县、蓝田县、盩厔县（今周至）之间，靠近西安府城，自山中向山麓流淌有骆谷水、芒水、涝水、沣水、灞水。终南山峰峦叠嶂，自左向右主要峰岭有沉岭、石楼山、五福山、牛首山、紫阁峰、白阁峰、黄阁峰、鸡头山、凌霄峰、罗汉峰、大顶峰、七盘山、王顺山、玉山、簣山、辋川山等，沉岭与石楼山之间有芒谷。山中磴道盘旋，峰岭姿态各异，山中有鹿苑寺、兴教寺、牛头寺、普光寺等寺院（图8-16-1-1）。

南五台又名太乙山，属于终南山支脉，山中有景阳川、梅花洞、九女潭、八仙洞，山顶有金华洞，山中有竹谷谷、太乙谷，山麓有日月岩、玉泉洞、

图 8-16-1-1
［清］《关中胜迹图志》——《终南山图》

龙泉。太乙谷中有太乙元君湫池，汉武帝时期曾在此建太乙宫。谷中有太乙峰，峰上有吕公洞、黄龙洞，峰下有太乙池。[①]《南五台图》中，南五台山势绵延、植被葱郁，崖壁之间可见八仙洞洞口。磴道盘旋往复，远处有隐约可见的寺塔（图8-16-1-2）。

楼观山位于盩厔县（今周至）东南，又名石楼山，山形重叠如楼，故名楼观山。《楼观图》中，山体耸峙，林木茂盛，山间磴道往复。山南有说经台，据传为老子说经之处。山谷中有上善池，依山建有多座道教建筑（图8-16-1-3）。

《天下名山图咏》中亦有《终南山》图（图8-16-2）。

---

①《关中胜迹图志》卷二。

图 8-16-1-2
[清]《关中胜迹图志》——《南五台图》

图 8-16-1-3
[清]《关中胜迹图志》——《楼观图》

图 8-16-2
[清]《天下名山图咏》——《终南山》

第十七节　太行山与西山图像

太行山是我国华北平原与黄土高原的分界线，呈南北走向，北至永定河，南抵王屋山，跨越北京、河北、河南、山西四省市，被誉为“天下之脊”。太行山山势北高南低、坡度多缓，北中段多高山峻峰。东侧多断崖深沟，山势耸立。西侧则坡度和缓，与黄土高原相接。太行山脉中镶嵌有沂定盆地、繁代谷地、阳泉盆地、西烟盆地等，滹沱河、清漳河、浊漳河发源于此。

《名山图》中有《太行》一图。图中左侧有一城池，城内民房密布，城外沟壑纵横、树木萧瑟。河上架设有三孔石拱桥。远处太行山脉如屏障耸立，植被稀疏，山石裸露（图8-17-1）。

西山为太行山支脉，是北京城西诸山的总称，包括翠微山、平坡山、卢师山、香山、荷叶山、瓮山等，永定河贯穿其中。西山被称为“神京右臂”，从西侧拱卫京城。西山山形秀美、植被茂盛、寺观众多，是北京附近的风景胜地。

《新镌海内奇观》中有《西山图》。图中，北京城位于画面左上部，城内呈现出明显的中轴线与紫禁城殿阁。外城与内城之间有永宁寺、牌坊等。城外有大片的湖泊，名为西湖。瓮山、玉泉山、香山等山峰屹立于西湖西、北侧。湖北为瓮山，山中建有圆静寺。湖西岸有功德寺。玉泉山上有玉泉，味道甘美，泉边建有景亭。其西南有华严寺，寺旁有望湖亭。香山上建有香山寺，原名甘露寺，寺内有石渠甘泉。山顶有虹光寺，寺内有千佛殿、观音阁。桑干河自山中流出（图8-17-2）。

《天下名山图咏》中有《西山》《太行山》两图（图8-17-3-1、图8-17-3-2）。

图 8-17-1
[明]《名山图》——《太行》

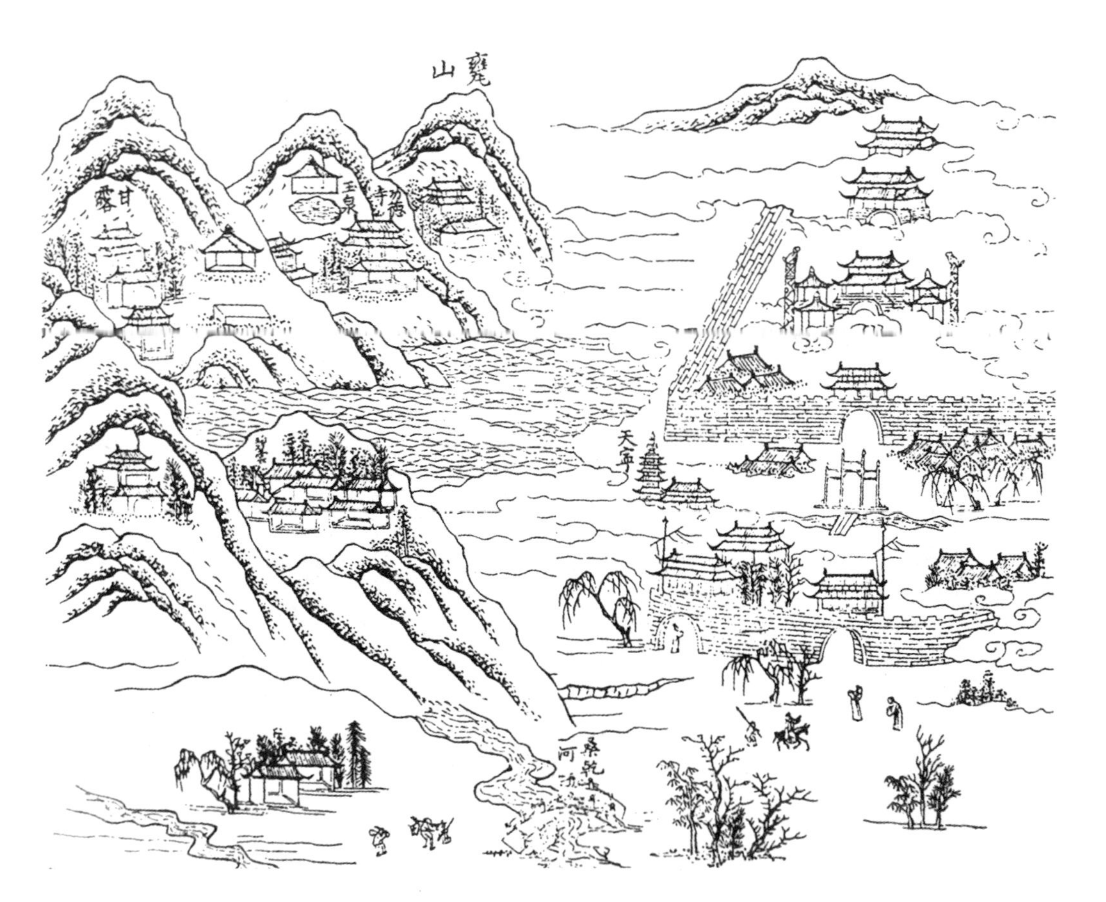

图 8-17-2
[明]《新镌海内奇观》——《西山图》

图 8-17-3 -1
[清]《天下名山图咏》——《西山》

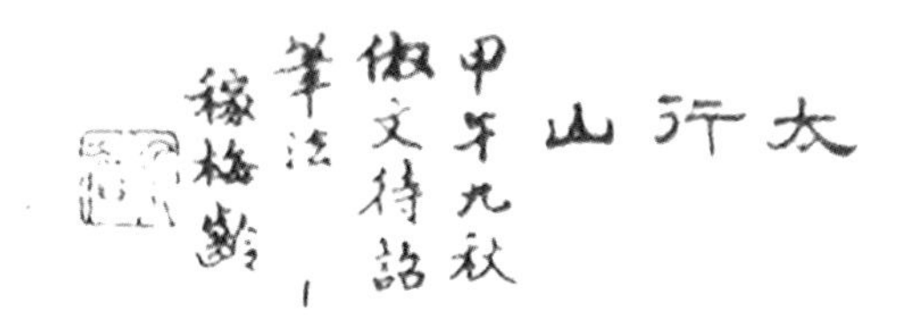

图 8-17-3-2
[清]《天下名山图咏》——《太行山》

第十八节　燕山图像

燕山山脉位于内蒙古高原与华北平原之间，东至山海关，西至八达岭，西南以关沟与太行山分隔，地势西北高、东南低。燕山山脉主要山峰包括雾灵山、云雾山、军都山等，河流有潮河、汤河、白河、柳河、瀑河、滦河等。燕山山脉基本呈东西走向，潮河将其分为东段和西段，东段为燕山主脉，包括碧霞山、双峰山、鸭嘴山、祖山等。①

崇祯年间刊行的《名山图》中有《燕山》一图。图中右下角为北京城，城内殿阁密布、形态壮观，城外河流环绕、树木苍翠。河上架设有九孔石拱桥。远处燕山起于云雾之间，山峰巍峨壮阔（图8-18-1）。

《天下名山图咏》中有《燕山》（图8-18-2）。

以燕山为名的风景名胜图像还有流传广泛的“燕山八景”图。“燕山八景”之说最早出现于元代。陈栎（1252—1334）所撰的《燕山八景赋考评》和《燕山八景赋》，陈孚于至元二十九年（1292）的题诗《咏神京八景》，是最早的以“燕山八景”为题撰写的诗赋。元代官修总志《大元大一统志》、明初《洪武北平图经》中所列“燕山八景”为琼岛春阴、太液秋风、玉泉垂虹、西山积雪、蓟门飞雨、卢沟晓月、居庸叠翠、道陵夕照。明清燕山八景又称为“燕京八景”“北京八景”。《乾隆大清一统志》所列“燕山八景”包括琼岛春阴、太液秋风、玉泉垂虹、西山积雪、蓟门飞雨、卢沟晓月、居庸叠翠、金台夕照。②

清代张若澄绘有《燕山八景》图册，设色绢本，纵34.7厘米，横40.3厘米。图册中是八幅以燕山八景为主题的写实水墨图，钤清乾隆及内府诸收藏印，题有“臣张若澄敬写”，下钤“臣若澄”“笔露思雨”二方印。

琼岛即琼华岛，又名白塔山，是太液池中的一座岛屿。琼华岛、太液池均为北京城内皇家御苑——西苑的景观，因此这两处景点的相关图像也收录于本书《上·皇家园林图像卷》中。《琼岛春阴》图中，岛上殿宇、亭阁较为密集。图中所绘的主要是琼华岛南坡，其主体建筑群为永安寺，呈中轴对称布局。寺门位于南侧，直对入口牌坊。门两侧各有高台一座，台上建亭，东台上为云依亭，西台上为意远亭，均为单檐四角攒尖顶，四面通透，视野开阔。山门内为法轮殿，面阔五楹，前檐出廊，殿后为上山台阶磴道，两侧有平台，台上东有引胜亭，西有涤霭亭，两亭均为八角攒尖顶，亭后有昆仑石和岳云石，并叠石为洞。沿中轴线拾级而上，有一大平台，台上有正觉殿和普安殿。正觉殿为前殿，普安殿为正殿，面阔三间。普安殿前有东配殿宗镜殿和西配殿圣果殿，殿后台阶高台上建有善因殿。善因殿为仿木结构的重檐琉璃亭阁式殿堂，上檐圆形，下檐方形，殿周围墙壁镶嵌小琉璃佛像455尊，殿内供奉大威德明王像。善因殿后为两层崇台，上层台为汉白玉砌，下层台四周为琉璃瓦顶青砖宇墙。白塔坐落在两层崇台上，是典型的覆钵式

---

① 《中国地理百科》丛书编委会编著：《燕山山脉》第2版，广州：世界图书出版广东有限公司，2016年，第3、9页。
② 李鸿斌：《燕山八景起始考》，北京联合大学学报：2002年第1期，第97—100页。

图 8-18-1
[明]《名山图》——《燕山》

燕山
峯巒森
秀梨若
雲錦炭
擬清暉
閬主筆
法寫之
介眉
沈錫齡

图 8-18-2
[清]《天下名山图咏》——《燕山》

塔。白塔为砖木石混合结构，塔基为砖石结构须弥座，塔肚为圆形，表面有306个青砖透雕通风孔。[①]普安殿以西有一小院静憩轩。轩西为一大院，院南为悦心殿，院北为庆霄楼，均为坐北朝南。悦心殿面阔五间，单檐灰瓦卷棚歇山顶，前檐出廊，南有月台。庆霄楼高两层，上下均面阔七楹，四周回廊，楼上悬挂匾额“云母含秀”，楼前通过抄手廊与悦心殿相连。图中可见白塔后面沿琼华岛北岸向两侧延伸出两层弧形廊屋，名为延楼，共60楹，延楼东端接怡晴楼，西端接分凉阁（图8-18-3-1）。

《太液秋风》图中主体是太液池水面，湖中台基上建有水云榭。水云榭造型独特，四面通透，各出卷棚歇山顶抱厦，榭内置石碑，刻有御书“太液秋风”四字。榭后面是万善殿建筑群（图8-18-3-2）。

玉泉垂虹又名玉泉趵突。图中描绘的玉泉山为西山之脉，呈南北走向，前后有三座山峰，如同马鞍状。玉泉山山形秀美、林木葱郁，山中多奇洞和山泉，泉水水质甘甜清冽，山南为玉泉湖，是北京重要的水源地，也是京郊重要的游览胜地。早在金代，这里就建有行宫芙蓉殿，元明时期多建有寺院。图中玉泉湖中按照“一池三山”的格局布置有三处岛屿，东西方向排列。中岛较大，岛中有方池，池边廊庑连接池北的攒尖顶重檐阁楼与南侧的四方景亭。西岛中央是一座歇山顶厅堂，东岛上是一座六方攒尖亭，三岛之间以桥相接。玉泉山主峰与侧峰上殿阁亭馆较多，是静明园主体建筑群所在（图8-18-3-3）。

西山积雪即西山晴雪。图中西山白雪皑皑，两条磴道蜿蜒通向山上的建筑群。建筑群入口矗立有四柱三间牌楼，后侧是两座前后排列的三开间卷棚顶建筑，再往后是一座回院，主建筑是建于高台上的歇山顶厅堂。侧峰上矗立一座乾隆御笔的西山晴雪碑（图8-18-3-4）。

蓟门飞雨又称为蓟门烟树，位于德胜门外土城关，此地林木苍郁，林间散布有多处农舍，乾隆御笔“蓟门烟树”石碑矗立于此（图8-18-3-5）。

《卢沟晓月》一图描绘的是卢沟桥之景。卢沟又称浑河，康熙三十七年改名为永定河。卢沟桥所在渡口为交通咽喉要道，为便于通行，金代始建此桥，名为广利桥。图中卢沟桥为多孔拱桥，桥身平坦，桥面铺有石板，两边砌有石栏杆（图8-18-3-6）。

居庸叠翠所指的居庸关是长城的重要关口之一，位于著名的隘道关沟中。图中峰峦叠嶂，林木苍翠，飞瀑直流。长城城墙沿山而走，山岭之间露出隘口。近处山坡上分布有民居，可见两座警戒用的望楼式建筑（图8-18-3-7）。

金台夕照位于朝阳门外，据传为黄金台故址所在，且地势较高，以阳光夕照之景闻名。图中显示黄金台久以不存，只留下一处土堆，四周呈现山野自然风光（图8-18-3-8）。[②]

---

① 任明杰：《北海永安寺白塔》，古建园林技术：2009 年第 2 期，第 77—79 页。
② 王培明：《燕山八景》，中国园林：1986 年第 1 期，第 13 页。

图 8-18-3-1
[清]张若澄《燕山八景》——《琼岛春阴》

图 8-18-3-2
[清]张若澄《燕山八景》——《太液秋风》

图 8-18-3-3
[清]张若澄《燕山八景》——《玉泉趵突》

图 8-18-3-4
[清]张若澄《燕山八景》——《西山晴雪》

图 8-18-3-5
[清]张若澄《燕山八景》——《蓟门烟树》

图 8-18-3-6
[清]张若澄《燕山八景》——《卢沟晓月》

图 8-18-3-7
[清]张若澄《燕山八景》——《居庸叠翠》

图 8-18-3-8
[清]张若澄《燕山八景》——《金台夕照》

第十九节　白岳山图像

白岳为齐云山的古称，又名中和山，位于古徽州休宁城西。白岳山体属于丹霞地貌，红色砂砾岩风化剥蚀显著，形成了壮观的峰林、崖、洞景观。白岳山为道教四大名山之一，自南宋起便成为著名的道教传播中心。

《新镌海内奇观》中有《白岳图》，共计二十幅木刻版画，左右景观连续，描绘了白岳诸峰、洞、水、建筑。本书从左向右将其分为十段（图 8-19-1-1~图 8-19-1-10）。图 8-19-1-1 中，石桥飞架于空中，桥下为溪涧，一侧为晞阳岩，岩下有石洞，内有庙宇。图 8-19-1-2 中，右为万寿山，左为棋盘石。清泉自万寿山山腹中流出，依次汇入三处天井深潭。棋盘石下方有观音堂、观音岩。图 8-19-1-3 中，五峰并峙，依次为五凤峰、五老峰、天柱峰、三姑峰，图左侧另有一座狮子峰。天柱峰下为西天门，山中有雷神洞、千佛岭，主建筑为文昌阁，饮鹿涧自山中流出。图 8-19-1-4 中，两侧为展旗峰、剑锋，中央为紫霄崖，前有骆驼峰，山中有玉虚宫、天乙真庆宫和治世神威宫。宫观前的山道横向延伸，一端连接云龙关，另一端通向池潭和无量殿。图 8-19-1-5 中，中间的山峰名为紫玉屏，西侧为鹊桥峰，峰下为洗药池。上有紫霄崖，崖半刻有“万峰晴雪”“第一蓬莱”八字。石壁之间有栖霞洞、白龙洞等。洗药池边为退思岩，岩下有宫观，前为舍身崖。

图 8-19-1-6 中，画面中央是一处规模宏大的宫观建筑群——玄天太素宫，宫内供奉有北极真武大帝。前有香炉峰，后有玉屏峰，侧有鼓峰、钟峰、隐云峰、碧霄峰、拱日峰。玄天太素宫前后数进院落，中轴对称格局，一侧有碧霄庵、三清殿。图 8-19-1-7 中，山中为真真石室、文昌洞、黑虎岩、真仙洞府，真真石室紧邻天梯，瀑布一泻而下，直入碧莲池，池下方另有一处云龙潭。山顶有希真岩、观音岩、天池和功德堂。图 8-19-1-8 中，山道向右延伸，经过山中的忠烈坊、净乐宫，曲折入山，过石壁坞、石鳖坞，通向望仙亭。净乐宫前有深涧，水流湍急，名为桃花涧。涧上假设有石拱桥，桥一端连接真气亭，另一端通向桃花洞天。图 8-19-1-9 中，望仙台位于左侧山顶，与之相对的山顶上写有“海天一望”，磴道回旋往复，其间经过数处山坊和庙观，溪涧自山腹泻下，汇入深潭。图 8-19-1-10 中，磴道分为两股。一股经过中和亭，通往山后。另一股磴道通向山麓，直至登封桥。登封桥为多孔石拱桥，桥端建有一处公馆回院，背倚山崖。

《名山图》中有《白岳》一图。图中的中心建筑群为玄天太素宫。图中观门前较为空旷，主要殿宇沿中轴线前后排列。宫观背倚巨大的齐云岩，两侧多为瘦削高耸的石峰，石壁嶙峋，云雾缭绕。宫观一侧的崖壁中有瀑布飞流直下，汇入下方的池潭中（图 8-19-2）。

《鸿雪因缘图记》中有《白岳祈年》一图。①图中景物与《名山图》中的相似。主要不同之处在于，玄天太素宫一侧的瀑布溪涧消失了，变为建筑群和磐石、山道。宫观入口两侧增加了三开间牌坊。山道两侧的建筑物比《名山图》增多（图 8-19-3）。

①［清］麟庆撰，汪春泉绘：《鸿雪因缘图记》，北京：国家图书馆出版社，2011 年，第 178 页。

图 8-19-1-3
[明]《新镌海内奇观》——《白岳图》三

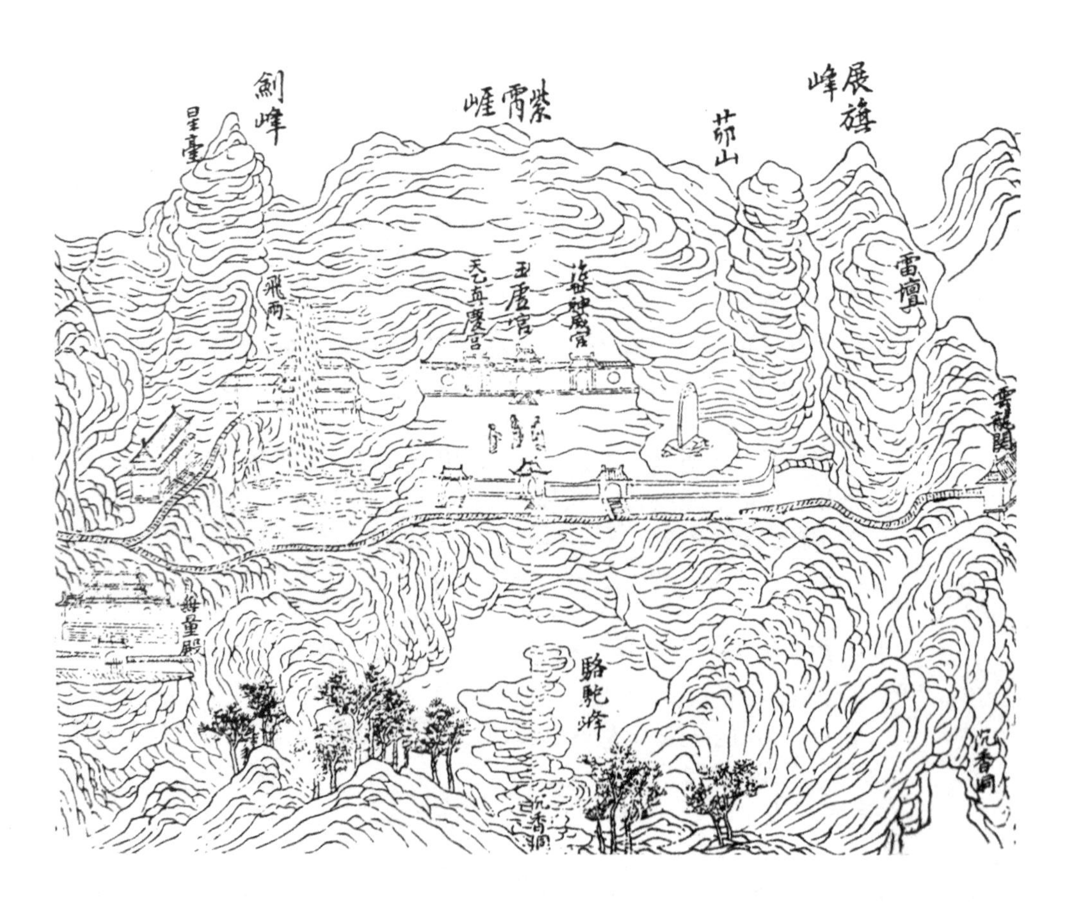

图 8-19-1-4
[明]《新镌海内奇观》——《白岳图》四

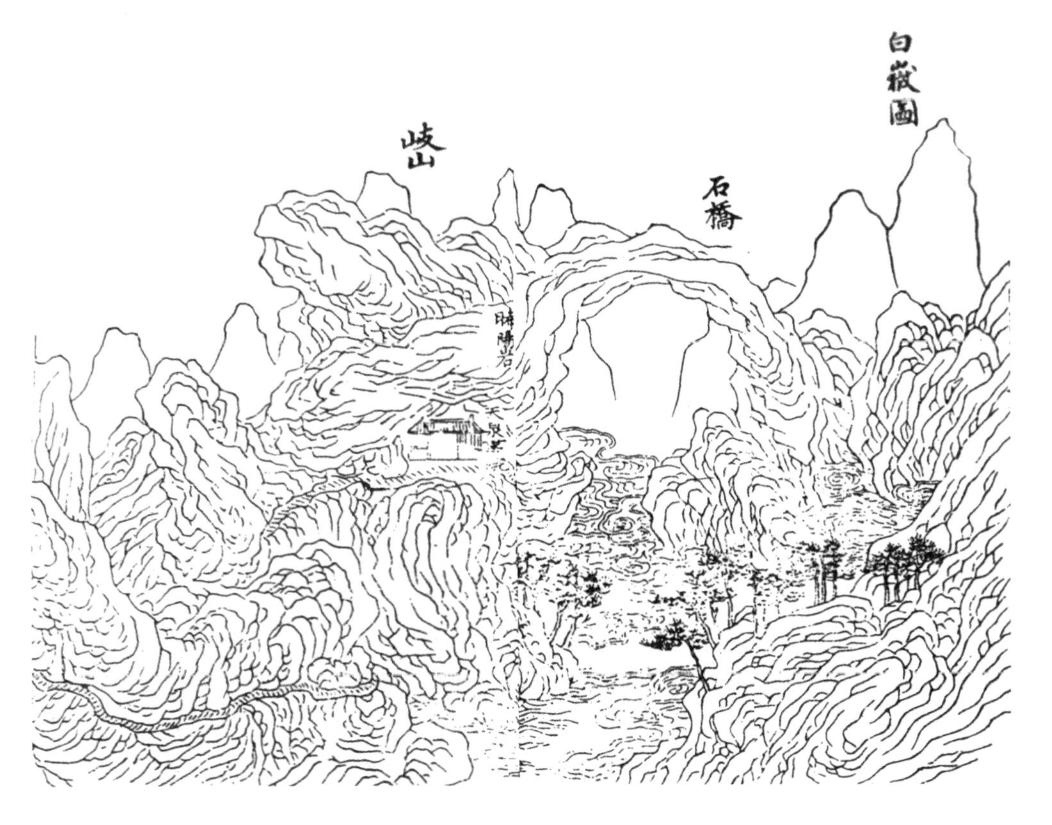

图 8-19-1-1
[明]《新镌海内奇观》——《白岳图》一

图 8-19-1-2
[明]《新镌海内奇观》——《白岳图》二

图 8-19-1-7
[明]《新镌海内奇观》——《白岳图》七

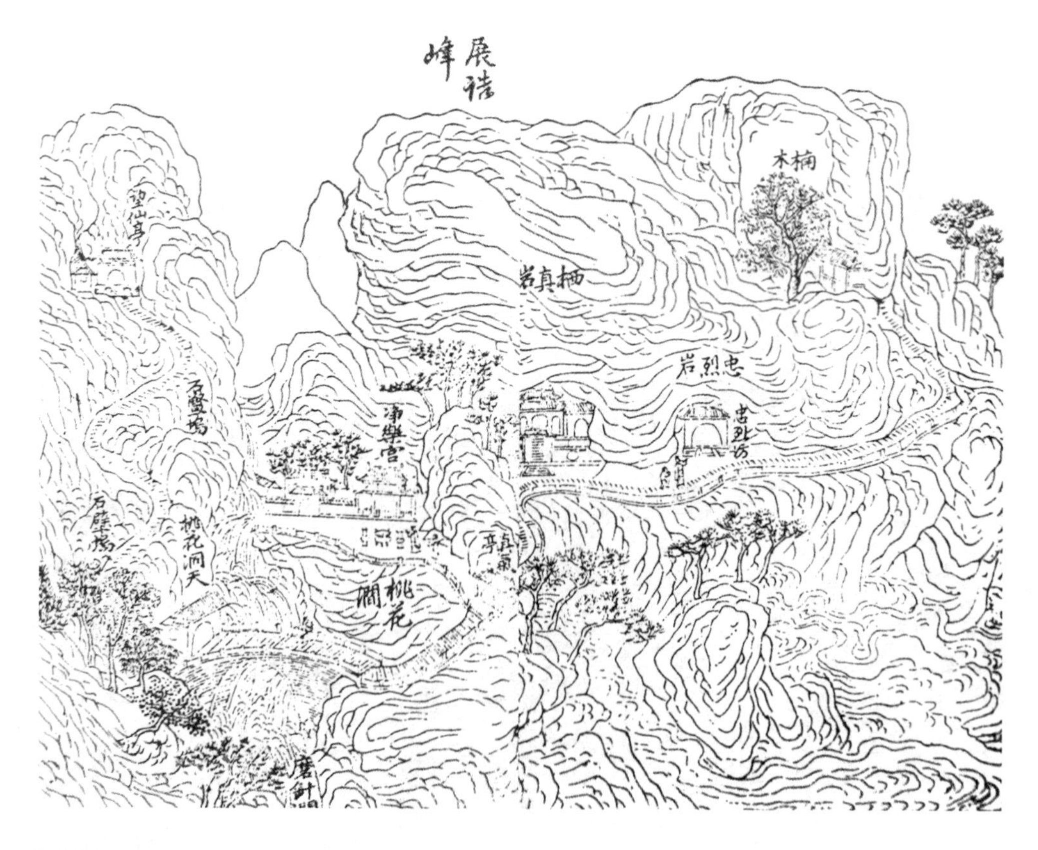

图 8-19-1-8
[明]《新镌海内奇观》——《白岳图》八

图 8-19-1-5
[明]《新镌海内奇观》——《白岳图》五

图 8-19-1-6
[明]《新镌海内奇观》——《白岳图》六

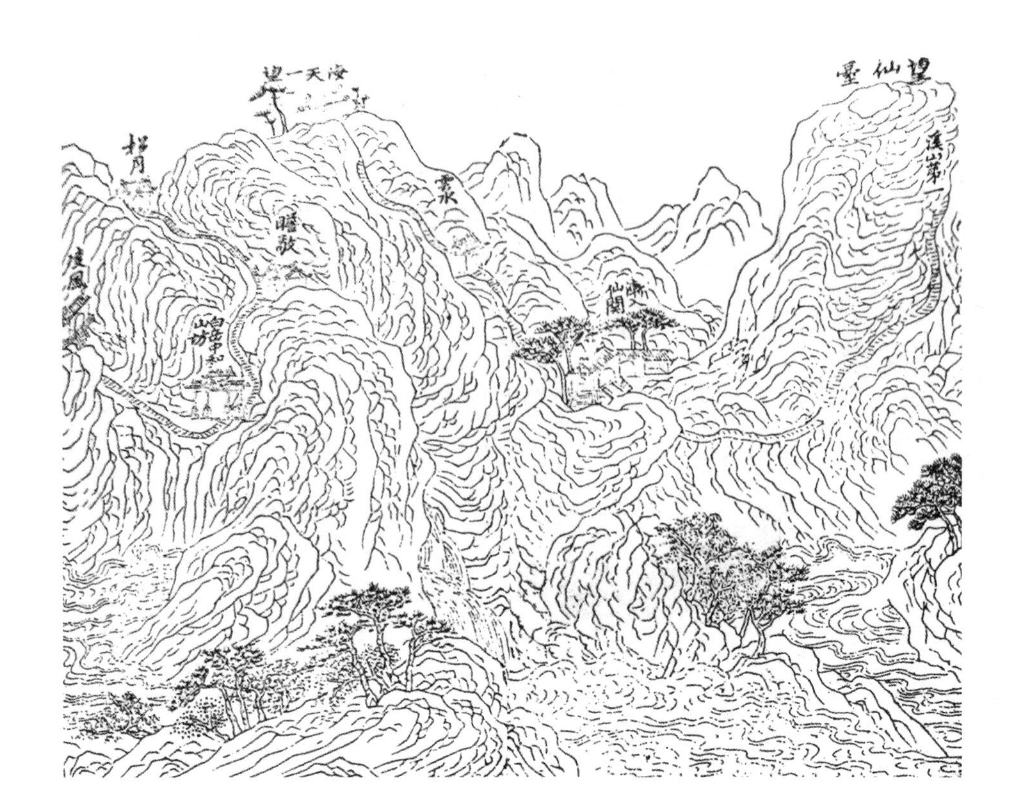

图 8-19-1-9
[明]《新镌海内奇观》——《白岳图》九

图 8-19-1-10
[明]《新镌海内奇观》——《白岳图》十

图 8-19-2
[明]《名山图》——《白岳》

白嶽祈年

图 8-19-3
[清]《鸿雪因缘图记》——《白岳祈年》

第二十节　当涂、芜湖、繁昌的名山图像

萧云从所绘《太平山水诗画》描绘了清初太平府所辖当涂、芜湖、繁昌三地的山水名胜，其中以名山为主题的有《青山图》《望夫山图》《黄山图》《天门山图》《白纻山图》《景山图》《龙山图》《横望山图》《灵墟山图》《褐山图》《赭山图》《神山春雨图》《范萝山图》《大小荆山图》《白马山图》《鹤儿山图》《双桂峰图》《洗砚池图》《五峰之图》《隐玉山图》《凤皇山图》《覆釜山图》《灵山图》《三山图》。

青山位于当涂县城东南，山形俊秀，植被苍郁。南北朝时期南齐大诗人谢朓曾任职宣城太守，因喜爱此山，而在山南筑室。唐代大诗人李白亦葬于此山。《青山图》中，峰岭蜿蜒，松林苍翠，有灵秀之气。山下有河流，水中多磐石，水流甚急。前岸多植被，一座巨大的石台矗立于岸边，石下可见农舍、良田。对岸山坳之间、松林之下有数栋寺庙建筑依山而建（图 8-20-1）。

望夫山又称小九华山，位于滨江处，山形似枣状，又称枣子矶。《望夫山图》中，望夫山矗立于江边，山体以石为主，形同石矶。山坡上生长有稀疏的树木，山谷间建有屋舍，有磴道通向江边的钓鱼台。山顶有一座望夫石（图 8-20-2）。

黄山位于当涂县城北，又名浮丘山、黄江山，山中有东岳庙、广福寺、极目亭等。《黄山图》中，黄山山体敦厚，山形似圆丘。山前有水，水边有浮屿，架有石拱桥。山麓建有三处寺观建筑群，其间以坡冈、山石隔开。位于中央的建筑组群规模较大，正面为山门，开三门洞，两侧有配殿，主殿高大雄伟。山顶有黄山塔，塔南有凌歊台（图 8-20-3）。

天门山是东、西梁山的合称，位于当涂县城西南长江两岸。东梁山又名博望山，位于江东岸。西梁山又名梁山，位于江西岸。李白曾游览此山，并作《望天门山》一诗。《天门山图》一图中，两座山峰夹江对峙，石峰下江水汹涌。两峰上均有数座殿阁。左侧山峰石崖下有临江平台，其上建有成排的屋宇（图 8-20-4）。

白纻山位于当涂县城以东的姑溪河北岸、姑溪河与青山河汇合之处，是姑孰八景之一。《白纻山图》中，山中石壁嶙峋，山势层叠往复。山中有清泉泻下，形成挂瀑。瀑布下的磐石之间有磴道蜿蜒而上。石壁之间有林木生长，林中露出数栋殿阁的屋顶，殿阁依山而建，多为歇山重檐顶（图 8-20-5）。

景山，又名雷公山，位于当涂县城东南。《景山图》中，山中盘石林立，山麓临水，林木葱郁。山脚下有行人挑夫正沿着水岸走向石砌登山磴道，磴道向左上方延伸，通向一座庙宇。图中庙宇主殿为重檐顶，山门两侧有八字墙，面向磴道。磴道过山门后向其后侧延伸，最后消失在石崖之间。山顶建有一座四方敞亭（图 8-20-6）。

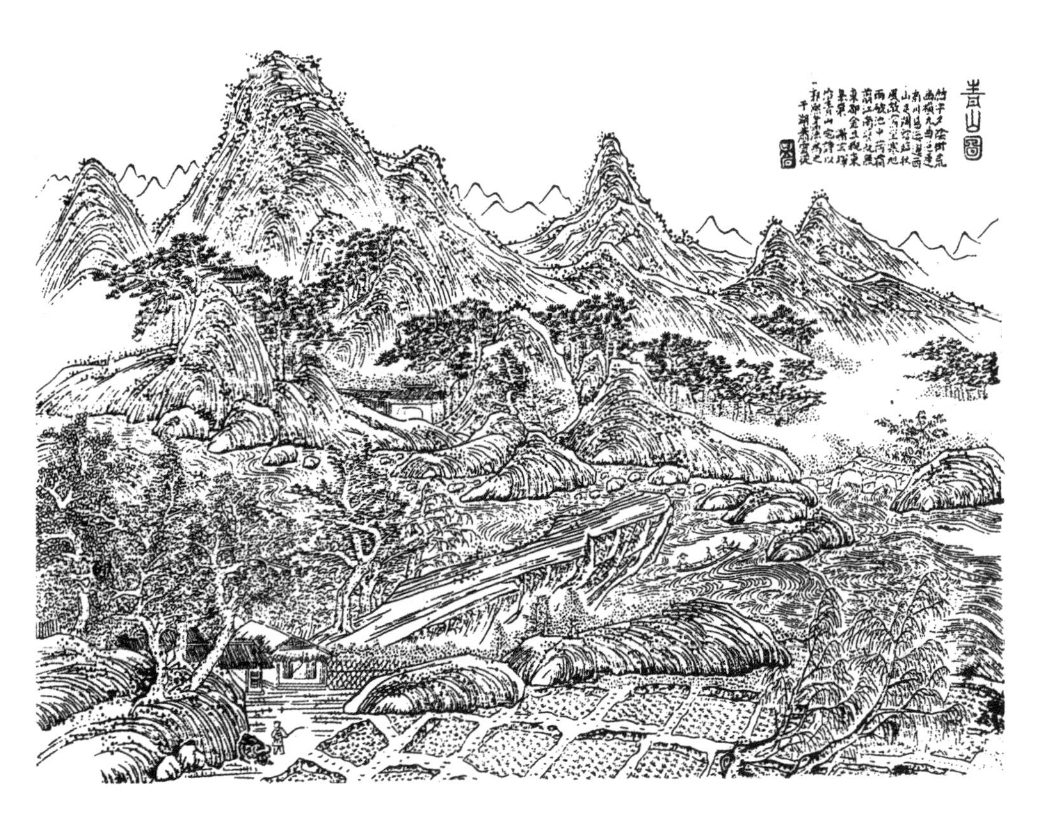

图 8-20-1
[清] 萧云从《太平山水诗画》——《青山图》

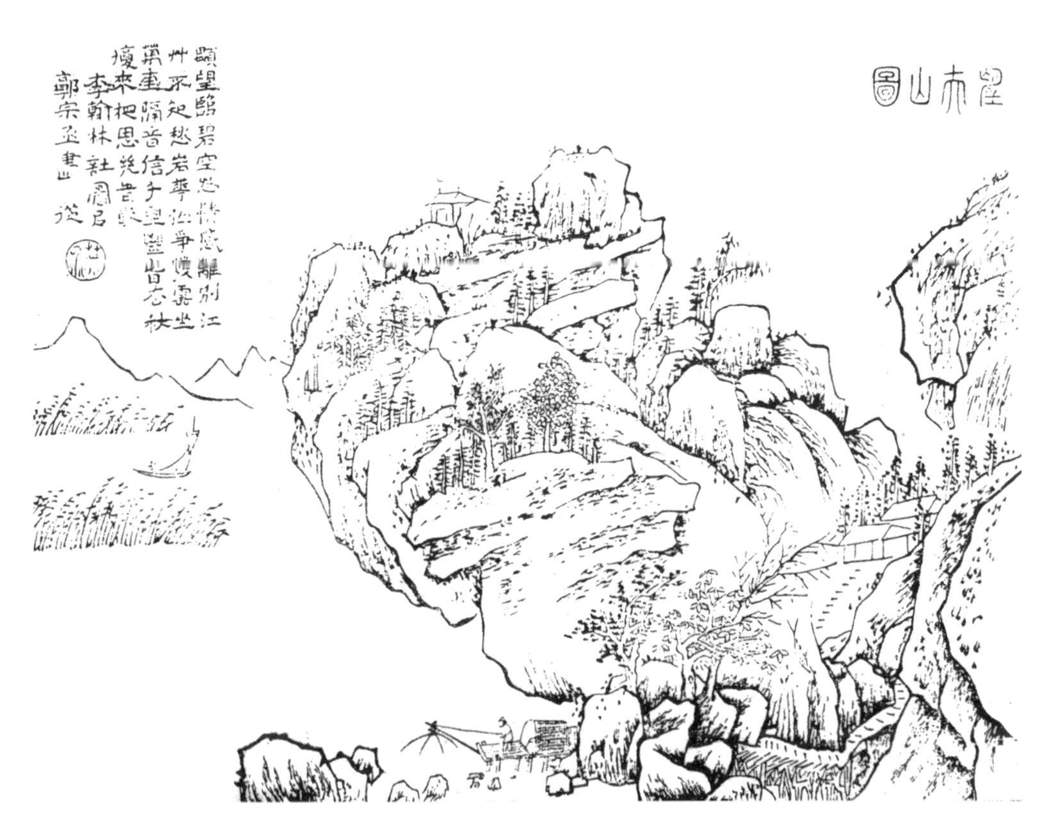

图 8-20-2
[清] 萧云从《太平山水诗画》——《望夫山图》

图 8-20-3
[清]萧云从《太平山水诗画》——《黄山图》

图 8-20-4
[清]萧云从《太平山水诗画》——《天门山图》

图 8-20-5
[清]萧云从《太平山水诗画》——《白纻山图》

图 8-20-6
[清]萧云从《太平山水诗画》——《景山图》

龙山位于当涂城南青山河畔。《龙山图》中，巨石耸立于河边，崖壁嶙峋，气势如龙。崖壁上有悬瀑垂下，泻入青山河中。河畔树木丛生，河中激流汹涌。山腹临水处有曲尺形廊庑，建于排柱上，排柱柱脚插入水中。悬瀑前有磐石，石顶平坦，建有一座重檐攒尖观瀑亭（图 8–20–7）。

横望山位于当涂城东，又名横山。山中原有读书堂、澄心寺、龙泉井，南梁陶弘景曾在此隐居炼丹。《横望山图》中，石崖林立，沟壑纵横，云雾缥缈。石缝间清流泻下，汇入溪涧。山谷之中坐有炼丹人，其后的崖壁下有石门，门内有洞（图 8–20–8）。

灵墟山位于当涂县城东，山中有修真观、望湖亭，辽东人丁令威在此炼丹修行，化鹤仙去，故称灵墟山。《灵墟山图》中，峰峦起伏，山形秀美，植被挺拔，充满着灵秀之气。山麓临水，下有磐石小道。崖谷之间、松林之后，可见寺观的山门和数栋殿宇（图 8–20–9）。

图 8-20-7
[清] 萧云从《太平山水诗画》——《龙山图》

图 8-20-8
[清]萧云从《太平山水诗画》——《横望山图》

图 8-20-9
[清]萧云从《太平山水诗画》——《灵墟山图》

褐山位于当涂西南、东梁山西。《褐山图》中，褐山临江而立，巨大的石矶洞壑丛生，山形雄奇。山顶殿宇是观赏江景的佳处。前方石崖上建有一座高台，台上矗立一座重檐攒尖园亭（图 8-20-10）。

赭山位于芜湖，据传古代铸剑大师干将在附近铸剑，因煅烧导致山石颜色发红，故名赭山。宋代著名书法家、文学家黄庭坚曾在此处读书。《赭山图》中，赭山由两座山头组成，一大一小，一高一矮，山体主要由石头构成，石间植被丛生。主峰雄立于画面中央，峰顶微平，是观赏风景的佳处。山中磴道往复，山麓建有广济寺。寺院始建于唐代，又称为九华行宫。广济寺后院的赭塔始建于北宋时期，是芜湖的著名人文景点（图 8-20-11）。

赤铸山位于芜湖城东，相传干将在此山铸剑，留有大量遗迹。宋代当地县令曾在此祈雨，后建志喜亭。《神山春雨图》中，赤铸山峰岭叠嶂，山势逶迤，山麓、峰头云雾缥缈。山下竹林丛生，林间可见数栋屋舍。磐石临水，其上架有板桥。远处山坳之间露出寺院殿阁的屋顶（图 8-20-12）。

图 8-20-10
［清］萧云从《太平山水诗画》——《褐山图》

图 8-20-11
[清] 萧云从《太平山水诗画》——《赭山图》

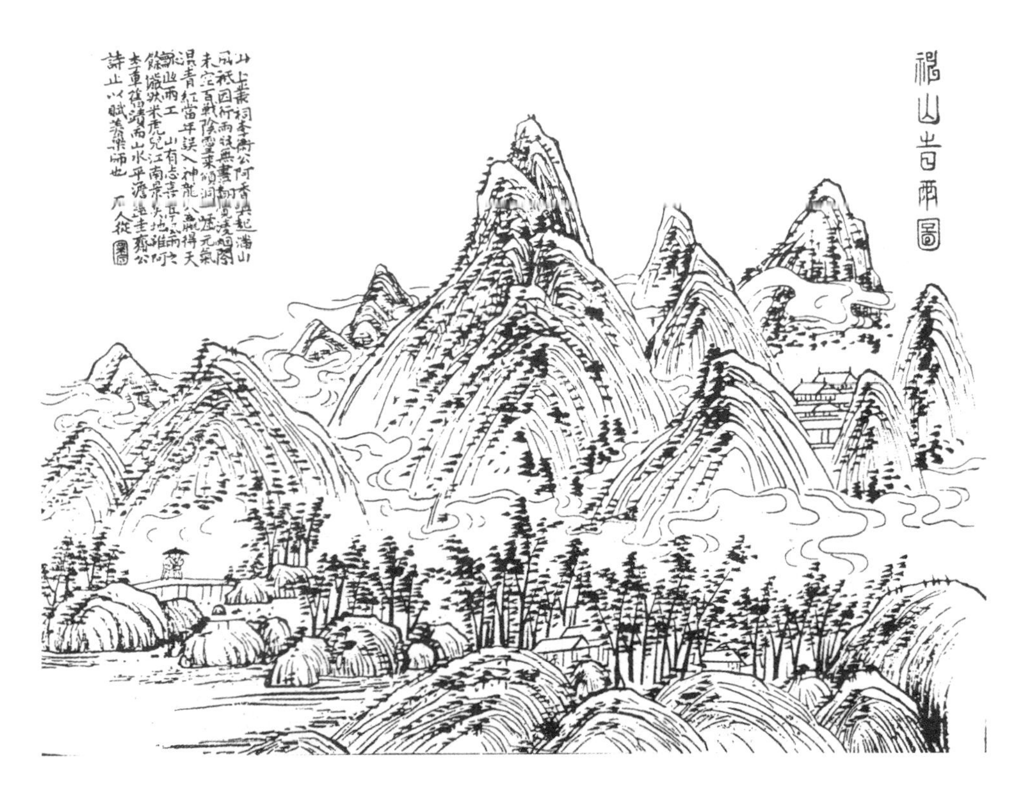

图 8-20-12
[清] 萧云从《太平山水诗画》——《神山春雨图》

范萝山位于芜湖西北临江处。《范萝山图》中，山体凌江而立，分为两座较大的石峰，坡冈上松树林立。较高的封顶有殿宇，磴道旁的石台上坐有两人。江岸边的石矶上，建有临江景亭、重檐多层塔、寺院，以及多栋临江水阁。荆山位于芜湖东南、青弋江南岸，附近湖泊众多（图 8-20-13）。

《大小荆山图》中，一条河流将荆山分为大荆山和小荆山。两山崖壁垂直，右侧山中石谷之间有盘旋的山道，时隐时现，通向山顶的重檐殿阁。荆山以石壁闻名，“荆山寒壁”为古代“芜湖八景”之一（图 8-20-14）。

白马山位于芜湖城南，与荆山遥相呼应，宋代在山中建有三圣古寺。《白马山图》中，山中石壁嶙峋，形态奇绝，其间有石洞，鬼斧天工，称为“白马洞天”，是“芜湖八景”之一。石壁下植被丰茂，山麓露出两栋寺院殿阁顶（图 8-20-15）。

鹤儿山是芜湖一处观赏江景的胜地。《鹤儿山图》中，江面平静如镜，远处山峦起伏，风景如画。鹤儿山位于江岸边，丛生的竹林、花木之前矗立有太湖石，竹丛之后露出一座歇山重檐楼阁。二楼窗扉雕饰精美，前有美人靠供人凭栏观景（图 8-20-16）。

马仁山位于繁昌、南陵、铜陵三县交界处，以奇峰、奇石、岩洞著称，双桂峰是马仁山的主峰之一。《双桂峰图》中，马仁山山峦起伏，崖壁林立，林木苍翠，风光秀丽。双桂峰高耸冲天，峰下有茂密的树林，林前溪涧涔涔。画面右侧山石之间有寺院，山门隐于古树之后，上有重檐楼阁倚石壁而建。马仁山中的马仁寺为王翀霄所建，始建于唐代，宋代曾更名为“莲社院”（图 8-20-17）。寺内有洗砚池，据传为王翀霄隐居洗砚处。《太平山水诗画》中的《洗砚池图》一图中，前有苍松，松下为洗砚池，池边石矶上坐有一位文士，池后有溪涧流入（图 8-20-18）。

图 8-20-13
[清]萧云从《太平山水诗画》——《范萝山图》

图 8-20-14
[清]萧云从《太平山水诗画》——《大小荆山图》

图 8-20-15
[清]萧云从《太平山水诗画》——《白马山图》

图 8-20-16
[清]萧云从《太平山水诗画》——《鹤儿山图》

图 8-20-17
[清]萧云从《太平山水诗画》——《双桂峰图》

图 8-20-18
[清]萧云从《太平山水诗画》——《洗砚池图》

隐静山位于繁昌县城东南铜官乡，据传为刘宋时期杯渡禅师隐居修行之处。山中有五座山峰，分别为碧霄峰、桂月峰，鸣磬峰、紫气峰、行道峰。《五峰之图》中，五座山峰自左向右排列，高低错落，石壁嶙峋，鬼斧天工。前有溪涧、拱桥，苍松下有隐静寺。隐静寺又名五峰寺，为杯渡禅师所建，曾称为"江东第二禅林"（图 8-20-19）。[①]

隐玉山位于繁昌县城东北，又名浮山。山中产茶，远近闻名，且有浮丘洞、丹井等遗迹，是浮丘公隐居之处。《隐玉山图》中，浮丘诸峰高低环列，青山翠嶂，山形秀美。山中有多处溪涧，汇成池塘、湖泊（图 8-20-20）。

凤皇山位于繁昌县西、长江南岸。《凤皇山图》中，江边石崖耸立，老藤缠绕，崖下芦苇随风摇摆。近处岸边，篱笆围合成宅园，院内古树苍劲，树下有茅舍一栋，门扉敞开（图 8-20-21）。

覆釜山位于繁昌县城西北，四周有诸峰环绕，山顶如覆釜，故名。《覆釜山图》中，山体由大小石崖构成，崖壁临江，下有磐石。山中多为青松，临江岸边有多栋屋舍。谷间磴道时隐时现，石峰之间有数栋殿宇依山而建（图 8-20-22）。

① 《乾隆太平府志》卷三、卷十四。

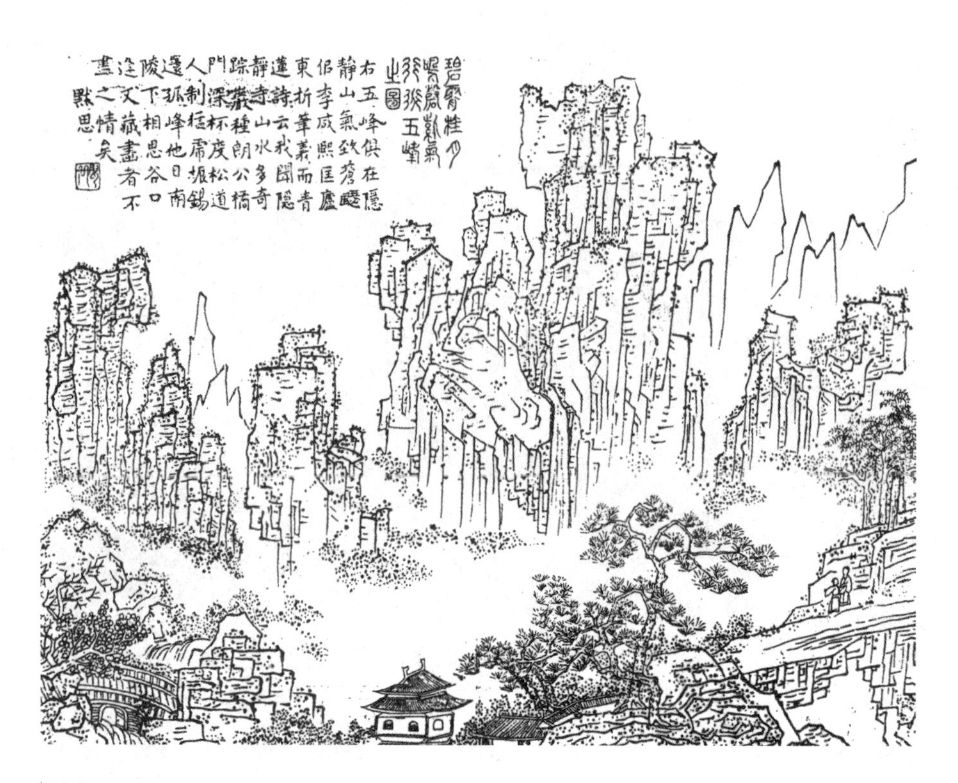

图 8-20-19
[清]萧云从《太平山水诗画》——《五峰之图》

图 8-20-20
[清]萧云从《太平山水诗画》——《隐玉山图》

图 8-20-21
[清]萧云从《太平山水诗画》——《凤皇山图》

图 8-20-22
[清]萧云从《太平山水诗画》——《覆釜山图》

灵山位于繁昌县西北，横山东，因山北麓有灵山寺，故名。《灵山图》中，石嶂密布，峰岭环列。灵山寺坐落于山麓，依山而建，寺侧矗立一座舍利塔。山门前有溪涧横流，水上建有一座板桥，桥一端与磴道相通，沿磴道可至灵山寺山门，另一端架在水边磐石上。磐石后有大片的青松古木，树林掩映之中是一座庵房（图 8-20-23）。

图 8-20-23
[清]萧云从《太平山水诗画》——《灵山图》

三华山北临长江，山有三峰，分别为老子峰、方丈峰、秦望峰。山内遗址众多，唐代曾建有三华禅院，是佛教圣地。《三山图》中。中峰耸屹，两峰环峙。山坳间有数栋屋舍，林木环绕。青松苍古，松林之下、石台之上建有景亭。前为江岸，杨柳婆娑，岸边排列有三栋草舍（图 8-20-24）。

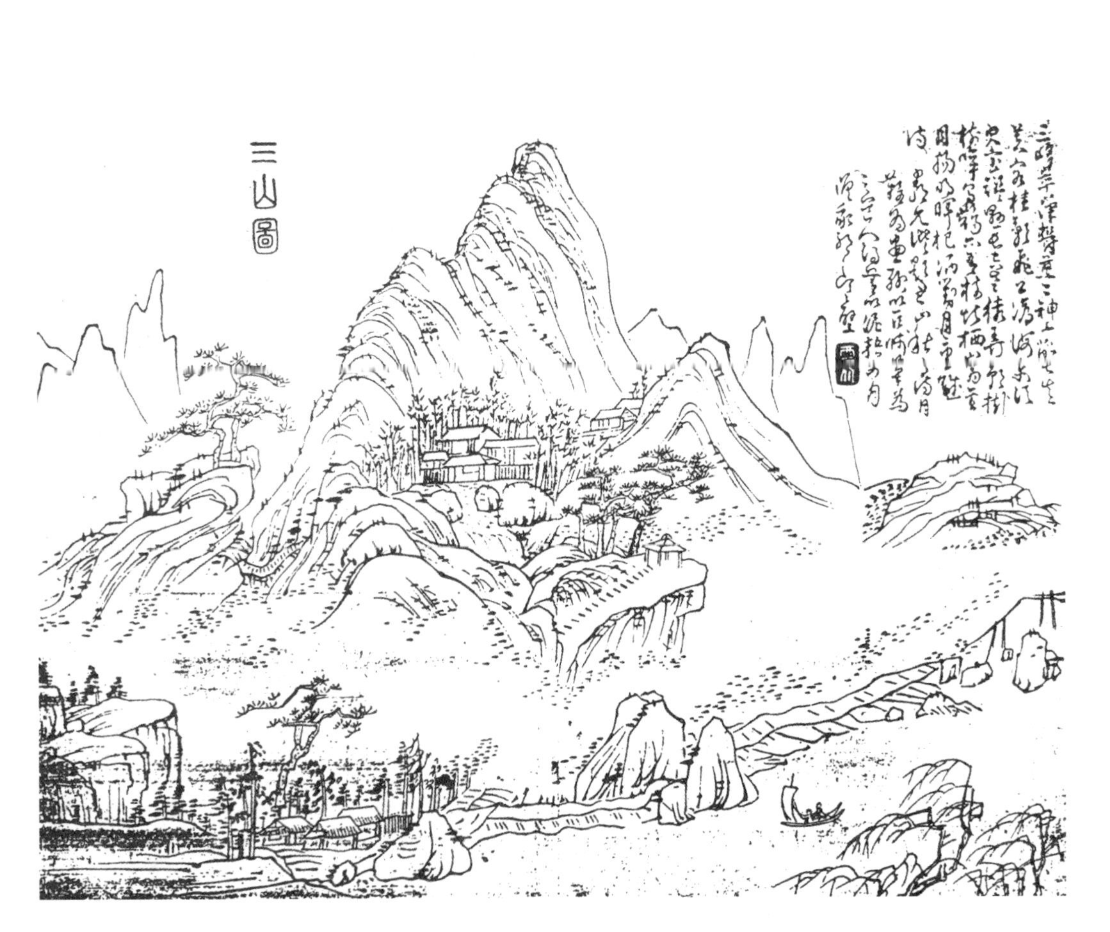

图 8-20-24
［清］萧云从《太平山水诗画》——《三山图》

第二十一节　歙县诸山图像

歙县位于安徽南部，境内多山，植被茂盛，风景秀丽。秦朝时期，歙县属会稽郡。宋徽宗时期，置徽州府于此，此后一直为徽州地区的经济、文化和行政中心。歙县北有黄山，南为天目山，以山水名闻天下。乾隆年间水香园刻本《古歙山川图》中的插图《东山》《问政山》《龙王山》《西干》《紫阳山》《岑山》等，均是以歙县诸山为主题的版画图像。

《东山》一图中，右下角为县城。城墙蜿蜒，城楼下为曲折的河流，河对岸为东山。山体不高，植被苍翠。山坡上有一组寺观建筑群，布局规整，入口位于一侧，通过磴道连接山脚。山麓与河岸之间有宽阔的河滩，沿着山脚有较为密集的排屋。远处山峰之间有一轮圆月（图8-21-1）。

问政山位于歙县东北与绩溪县、临安县交界地，属于天目山脉，北东—南西走向，[①]以竹林、竹笋闻名。《问政山》一图中，山势峭立，谷壑纵横，峰间云雾缥缈。谷中台地上有数栋歇山顶寺观建筑，山中多松树、竹林，景致幽深（图8-21-2）。

龙王山为黄山的支脉。《龙王山》一图中，山体占据了画面右上部分。崖壁临江，沿着山壁有“之”字形的栈道，通向山后的石拱桥（图8-21-3）。

歙县城西有扬之、布射、富资、丰乐四水汇集，河西岸称为“西干”，有披云峰、城阳山、紫阳山、龙井山等山峦。唐代山中建有十座寺院，称为十寺。《西干》一图中，山体横跨画面左右，数座山峰突起，峰峦苍劲。中央的坡冈上、树林之后，矗立有一座长庆寺塔。寺塔为楼阁式塔，始建于北宋宣和年间。长庆寺塔为楼阁式塔，平面方形，塔身砖砌。后寺毁塔存，历代均有修葺。寺塔旁边的峰谷之间露出数处寺院殿宇屋顶。西干山山前为横贯左右的江面，山麓溪涧相通，岸边可见石矶、驳岸、石拱桥。画面左端有多孔石拱桥——太平桥横跨练江江面，该桥始建于明代弘治年间，连接县城与西干山山道。桥西端建有一座两层高的太白楼。据传李白会见许宣平，曾在此饮酒（图8-21-4）。[②]

① 歙县地方志编纂委员会：《歙县志》，北京：中华书局，1995年，第89页。
② 歙县地方志编纂委员会：《歙县志》，北京：中华书局，1995年，第613、614页。

图 8-21-1
[清]《古歙山川图》——《东山》

图 8-21-2
[清]《古歙山川图》——《问政山》

图 8-21-3
[清]《古歙山川图》——《龙王山》

图 8-21-4
[清]《古歙山川图》——《西干》

紫阳山位于歙县城南渔梁坝附近，是朱熹父子读书讲学之处。[①]《紫阳山》图中，前为练江，江上架有紫阳桥。紫阳桥原名寿民桥，建于明代万历年间。江对岸为紫阳山，数峰峙立，山谷间露出殿宇屋顶。蜿蜒的山道连接紫阳桥与山中建筑群（图8-21-5）。

岑山位于新安江中，山岛一体，四面环水，山中植被丰富，又称为“小南海”。自唐代起，山中建有古寺，四方进香者络绎不绝。《岑山》图中，山体占据了画面大部分，四面环水，山麓矶石林立，山中树木葱郁。曲折的石阶磴道自岸边通向密林掩映下的古寺（图8-21-6）。

天马山位于歙县城西。山麓有圣僧庵，始建于唐代，历代多有修葺。绘者仿米南宫笔意，绘天马山于图左。图右绘有黄罗山，山势较为耸立。两峰之间山势连绵，云雾缭绕（图8-21-7）。

古岩位于歙县岩寺镇南，是一座巨大的岩石。唐代曾在此营造寺院，成为远近敬佛礼佛与修心养性之所。岩崖峭立，上部横亘如同覆舟，表面多有孔洞。崖下为寺院殿阁，主殿高两层，立于石基上。崖上建有一座四方攒尖亭。贴着石腹凿有石栏通道。图版左上角题有“法郭河阳”四字（图8-21-8）。

金竺山位于丰乐河上游、西溪南村西面。金竺山山体呈锥形，植被茂盛，山势连绵。山下为丰乐河，水源来自黄山南麓，在县城西与富资、布射、杨之三水合流形成练江，是连接歙县与黄山的水路通道。画面右下部为琴溪村，左下部水边建有杏花春雨楼、春草阁等休憩游赏性建筑（图8-21-9）。

石耳山位于县城东南，属于白际山脉，山中出产名贵药材——石耳。《石耳山》一图中，山体占据了画面大半部分，山势磅礴大气、峰岭纵横，山腰浮云似海，云中露出林木梢头，环境幽邃（图8-21-10）。

---

① 歙县地方志编纂委员会：《歙县志》，北京：中华书局，1995年，第327页。

图 8-21-5
[清]《古歙山川图》——《紫阳山》

图 8-21-6
[清]《古歙山川图》——《岑山》

图 8-21-7
[清]《古歙山川图》中的天马山

图 8-21-8
[清]《古歙山川图》中的古岩

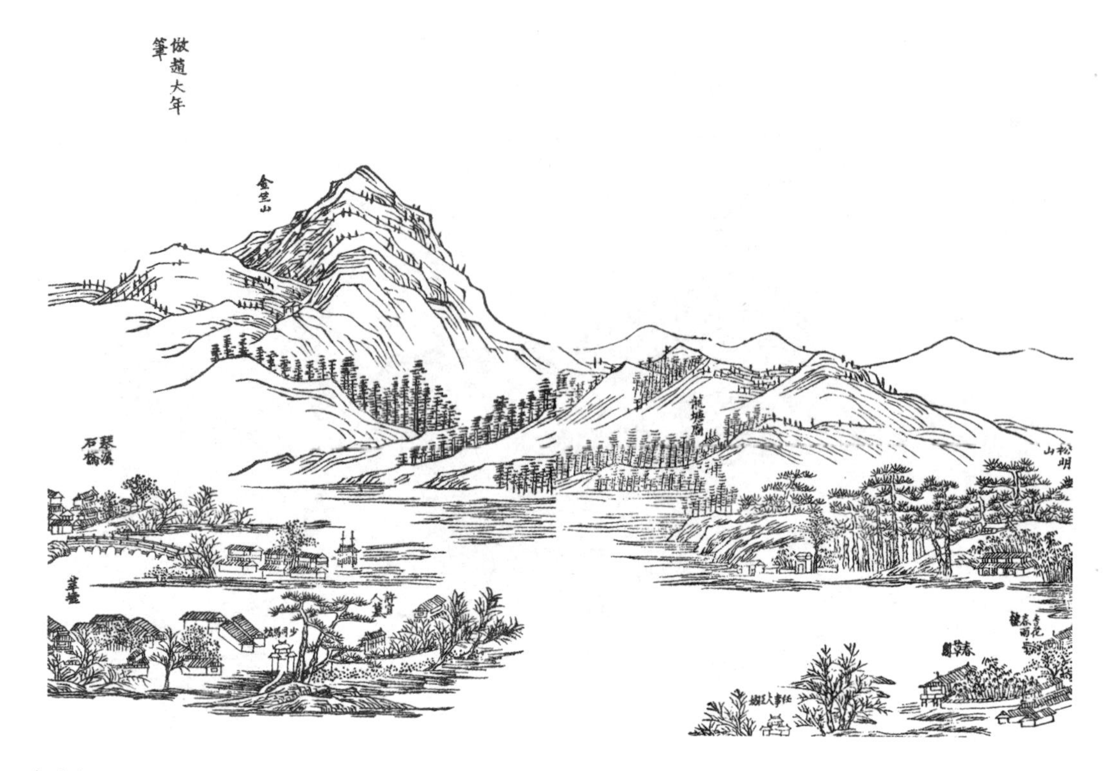

图 8-21-9

[清]《古歙山川图》中的金竺山

图 8-21-10

[清]《古歙山川图》——《石耳山》

第二十二节　天台山图像

天台山位于浙江省中东部，天台县城北，西南连仙霞岭，东北接舟山群岛，是甬江和曹娥江的分水岭，其主峰为华顶山，海拔一千余米。天台山风光奇秀，是佛教天台宗的发祥地，同时也是道教圣地。山中有国清寺、朝阳寺、洗肠井、挹翠亭、紫云洞、玉京洞、石梁诸景。

《鸿雪因缘图记》中有《赤城餐霞》一图，描绘了天台山系的赤城山风貌。赤城山属于丹霞地貌，由水平的红色砂岩、砾岩重叠而成，石土皆赤。图中前方地势平缓，空地上建有寺观，四周青松直立，流水涔涔。赤城山屹立于后侧，山中多松树，山顶矗立一座楼阁式塔。由于山石屏列、崖壁高耸、土色发红、形态奇峭，在天台山系的层峦叠嶂中尤其醒目（图8-22-1-1）。

另一幅《石梁悬瀑》，描绘的为天台山石梁景观。图中，两块石崖高耸，右侧的最高，左侧的稍低，石梁悬空，中间细，两头粗。石梁下部有瀑布悬空直泻而下，汇入下方的河流中。左边石崖后侧有殿阁建于高处，有凌绝之势。石崖下方林木葱郁，左下部有塔、亭，右下方有廊庑等建筑（图8-22-1-2）。

《天下名山图咏》中有《天台山》图（图8-22-2）。

赤城餐霞

图 8-22-1
［清］《鸿雪因缘图记》——《赤城餐霞》

图 8-22-1-2
[清]《鸿雪因缘图记》——《石梁悬瀑》

图 8-22-2
[清]《天下名山图咏》——《天台山》

第二十三节　茅山图像

茅山位于句容，原名句曲山，后因茅君在此修炼得道更名为茅山。东晋葛洪、南朝陶弘景均在此隐居修炼，茅山成为道教上清派发源地，被列为道教第八洞天、第一福地。

明代《新镌海内奇观》中有《茅山图》。图中，茅山有三峰，分别为大茅峰、二茅峰和三茅峰，以大茅峰最高。山麓建有崇禧万寿宫，其东侧有楚王涧三股合流，环绕宫前，涧水源自华阳洞，据传楚威王曾游憩于此。宫内有拜童台和陶贞白（陶弘景）王远知祠。出宫上山，半山腰有朝山亭、土地祠，沿山崖而行，可望金坛诸山。峰顶有圣佑观，观北有天市坛，永乐年间在坛下埋有玉筒。天市坛旁有龙池、喜客泉、抚掌泉，向东有华阳洞。山下有崇禧观，观北有松林，内有官祠。玉晨观前有雷平池，池后有伏龙岗，岗上有唐代玄静先生李含光（唐代道士、茅山宗师）之墓。观前有桧树，树下有丹井（图8-23-1）。

《名山图》中有《茅山》一图。图中，云雾缥缈绕山峰，山中有激流溪涧，涧上架有石拱桥、木板桥。溪涧旁的平坦地上，是一处石墙围合的宫观建筑。观内殿宇多为重檐歇山顶，林木遮掩，风格巍峨。宫观后面的磴道通向一座四方景亭（图8-23-2）。

《天下名山图咏》中亦有《茅山》（图8-23-3）。

图 8-23-1
[明]《新镌海内奇观》——《茅山图》

图 8-23-2
[明]《名山图》——《茅山》

图 8-23-3
[清]《天下名山图咏》——《茅山》

第二十四节　云台山图像

云台山古名郁州山、苍梧山，位于江苏省连云港东北，原为海中岛屿，后因泥沙入海，山陆相通。云台山由多个山体构成。据清代乾隆年间崔应阶所编《云台山志》中记载，主要山峰和岛屿计有清风顶、竹节岭、香炉顶、凤凰山、九岭山、狮子岩山、鸡岭山、羊石山、巨平山、菩山、杨家寨山、松崖山、虎山，龙山、弁雾山、诸韩山、别母山、华盖山、隔峰山、金蝉岛、石礌山、围屏山、杨家山、李家山、镜子崖、虎窝山、浦山、扎山、社林山、溪云山、黄泥岭、沃壤山、虎口岭、宿城山、平山、南固山、北固山、凤凰崖、西石岛、桅尖山、皇窝山、高公岛、孙家山、梅岭、马鞍山、搭山、鸭岛、竹岛、洋山岛、神山（琴山）、鹰游山、东连岛、西连岛、开山等，主要河湖溪涧包括南夹河、万金湖、北湖、九岭河、当路涧、飞泉、温水河、大义河、九龙涧、李白涧、桃花涧、白龙潭、乌龙潭、泸水河、官河、北河、黄龙潭、磊北龙潭、青龙涧、墟沟，城村包括凤凰城、新滩、当路村、大义村、巨平村、新县村、诸季村、诸吴村、水流村、凌州村、山东村、渔湾等。

凤凰城又名南城。《云台山志》中的《凤凰城图》中，凤凰城被城墙环绕，城中有都司署、城隍庙和观音堂。两端各有一山，城墙绕山而过，山上有碧霞宫、关圣殿、玉皇宫。玉皇宫始建于隋代开皇五年（585），宋景定三年（1262）重建，坐落于凤凰城东山。城外有演武厅、龙王庙（图8-24-1）。

《当路村图》中，村舍背倚山体，植被苍翠，前有溪涧，侧有深潭。山中平台为华严庵所在（图8-24-2）。

《大义村图》中，前为温水河，水味甘美，隆冬不冻。村舍位于河边，前有须弥庵。村舍后方山坡上分布着碧霞宫、三元宫、龙王庙、海清寺。三元宫为万历年间谢淳所建，内有飞楼、弥勒佛殿、韦驮天尊殿、禅堂、莲池。海清寺始建于宋天圣元年，寺旁建有高塔。云雾后方山峰突起，依次有狮子岩山、埋云石、饮水崖，两山之间为舡石沟（图8-24-3）。

清风顶是云台山峰顶。据传成化年间有王孙落发为僧，爱此地山水，法号清风，故以此名顶。清风顶后有金牛顶，俗称后顶，下有金牛洞。《清风顶图》中，山麓位于画面右下角，峰顶在左上角，磴道在山中时隐时现。山麓有海清寺、三元家庙、须弥庵、凌州村等。沿着画面右侧磴道向上，依次为老君堂址、竹节岭、十八盘、第一天门、南天门、塔院、众乐台、地藏庵、屏竹社、升仙塔、立禅石、大悲阁、倒座崖、观音堂。中央磴道向上依次有万寿桥、茶庵、竹涧、水帘洞、华严洞、长空庵、别峰、多宝佛塔址、灵官殿、三元正殿、玉皇阁、金牛顶。侧峰后有铁佛寺、大佛寺，大佛寺后为海曙楼址。水帘洞一侧的山壁中有朝阳洞、啸云洞（图8-24-4）。

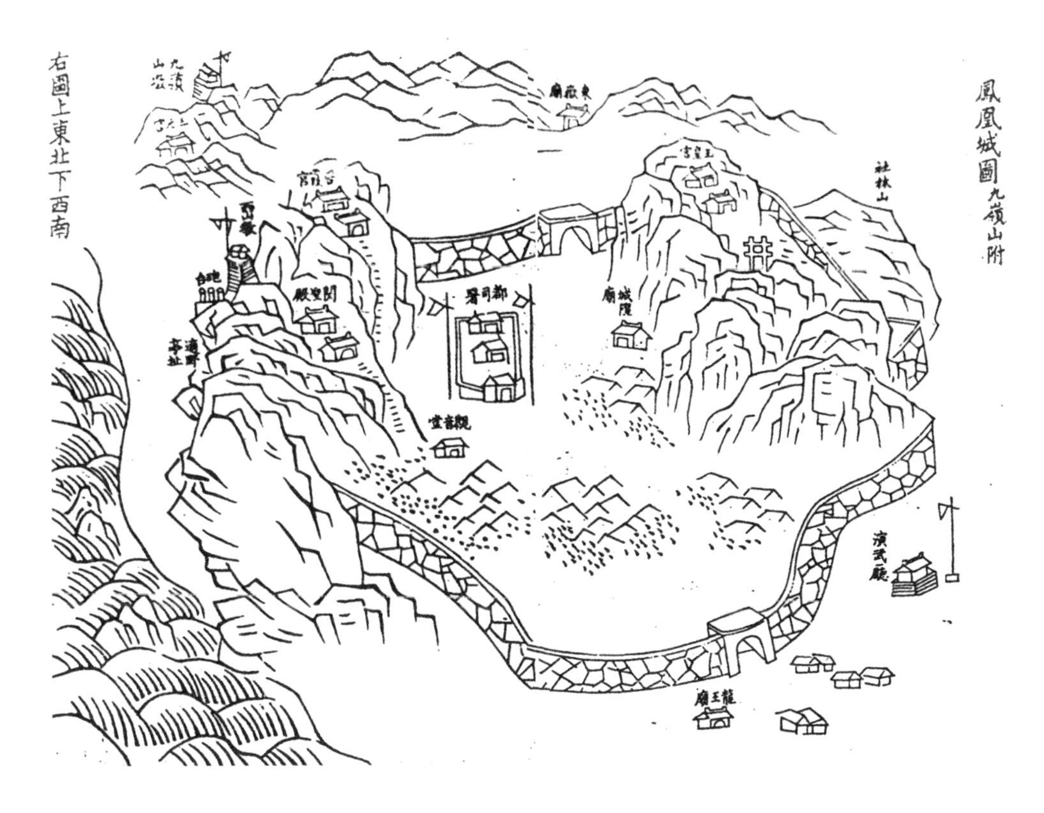

图 8-24-1
[清]《云台山志》——《凤凰城图》

图 8-24-2
[清]《云台山志》——《当路村图》

图 8-24-3
[清]《云台山志》——《大义村图》

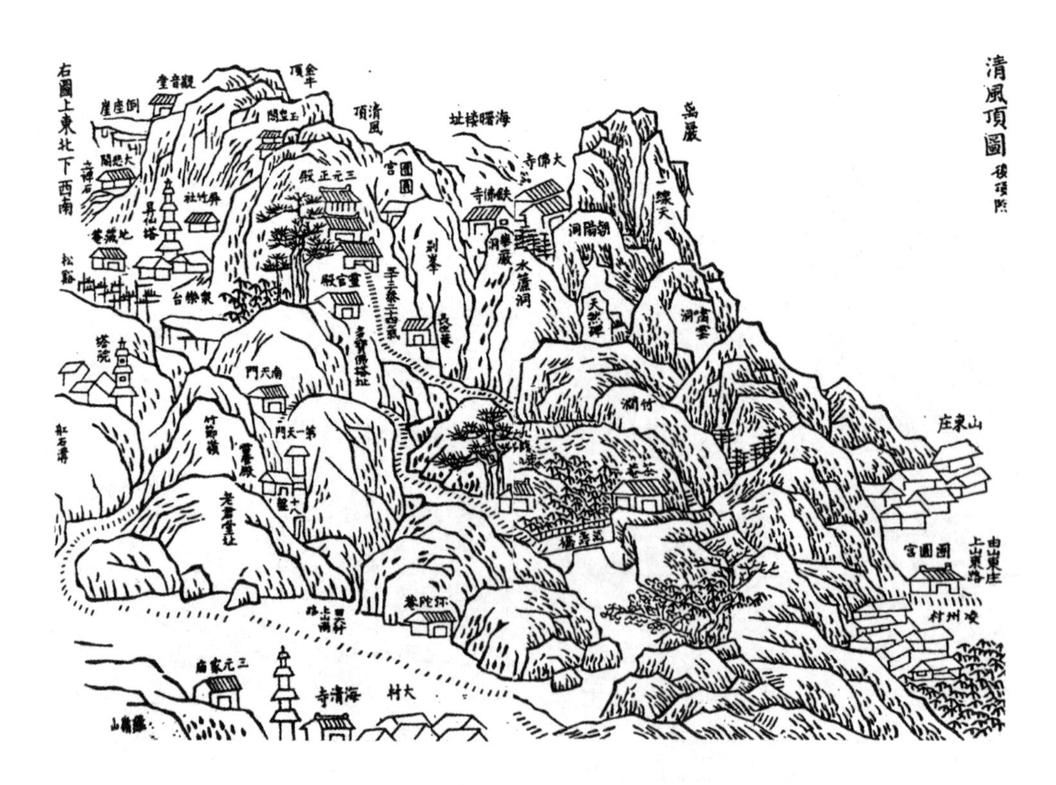

图 8-24-4
[清]《云台山志》——《清风顶图》

《小村图》中，小村位于画面右端。村头一条曲路从峭立的崖壁之间穿过。前方的鸡岭山，又称为鸡鸣山，位于大温河以北（图8-24-5）。

《新县村图》中，新县村与巨平村均位于山麓平坦地处，两村之间有溪涧流过，溪涧一路流经朱紫山、搭山、马鞍山、虎山，水源来自白龙潭，潭边松林下建有祥云观。朱紫山崖壁呈丹红色，常受海潮侵蚀。村舍后面为巨平山、栖云山、松崖山，松崖山口有乌龙潭。巨平山又名由吾峰，南接东海，中有龙潭，南岭上有吕母冈。栖云山是巨平山北岭，山上曾有栖云精舍。松崖山又名大东山，崖间多有古松（图8-24-6）。

《诸韩村图》中，村舍分为诸韩南村、诸韩西村，侧临深涧，前为华盖山、弁雾山。弁雾山俗称别母山，位于诸韩村北，山上常有云雾缥缈。华盖山位于弁雾山东，形如华盖。村舍后有龙山、大腰山、小腰山，山中有善积园、即林园，山麓有善积观。即林园为吴氏园林，园内花木繁茂，内有碧藏楼、锁筠居、浮翠轩、水明楼、自娱阁、示志山房、移深庵、陋不轩、锦绣万花谷等建筑和景点（图8-24-7）。

图 8-24-5
[清]《云台山志》——《小村图》

图 8-24-6
[清]《云台山志》——《新县村图》

图 8-24-7
[清]《云台山志》——《诸韩村图》

万金湖俗名五羊湖，湖中水产丰富。《万金湖堰图》中，万金湖湖面宽广，远处有桅尖山、沃壤山、平山，沃壤山下有沃壤村。万金坝自平山山麓老君堂处向前延伸，此坝筑于隋朝开皇五年，洪武二十七年重筑，于弘治十七年、嘉靖初年、万历初年多次重修（图8-24-8）。

《平山村图》中，村舍坐落于平山山坳之间，山下云雾缭绕（图8-24-9）。

《墟沟城图》中，墟沟城为城墙环绕，城内有都司署。城外分布有两处村落，一处为石城村，一处为海头。石城村后面为南固山，与其相对的为北固山。南固山又名墟沟南山，北固山又名舍利山。北固山中可见紫阳院和龙王庙（图8-24-10）。

《西石村图》中，海面波涛汹涌，巨大的山崖临海而立。远处为舍利山、佛座崖、凤凰崖，近处的石台上为西墅，台下有火星庙（图8-24-11）。

《东山村图》中，海中有东连岛、西连岛，两岛之间为鹰游山，临海的山崖名为孙家山，山前有钓台，山中有观音堂、莲台、龙王庙，东山村绘丁画面左下角（图8-24-12）。

图 8-24-8
[清]《云台山志》——《万金湖堰图》

图 8-24-9
[清]《云台山志》——《平山村图》

图 8-24-10
[清]《云台山志》——《墟沟城图》

图 8-24-11
[清]《云台山志》——《西石村图》

图 8-24-12
[清]《云台山志》——《东山村图》

《高公岛图》中，高公岛位于海中，岛石巨大，间有林木。屋舍集中于岛中临海的平坦地上，洋山岛与其相距不远（图8-24-13）。

《宿城村图》中，宿城村位于画面中央，四周有皇窝山、金刚崖、卧牛岭、虎口岭，山中有法起寺。法起寺是康熙四十八年心慧和尚所建，寺旁有凤凰石、仙人洞、瀑布泉、龙湫、悟道庵，庵后为留云亭（图8-24-14）。

《诸曹村图》中，近处为华盖山、黄泥岭，远处为溪云山，山体连绵，山中植被葱郁，清幽秀丽。磴道盘旋往复，一端连接诸曹村，一端通往山中。远处山岭之间有清霄洞。洞前有金钱崖，云门寺坐落于两山之间（图8-24-15）。

图 8-24-13

[清]《云台山志》——《高公岛图》

图 8-24-14
[清]《云台山志》——《宿城村图》

图 8-24-15
[清]《云台山志》——《诸曹村图》

《隔峰村图》中，画面中央偏上为隔峰山。隔峰山崖壁峭立，大清涧自山壁间直泻而下，山东隅可通行人，垒石为城，称为田横冈。山麓建有崇善寺，寺前有河流横淌，水与大清涧相通。河对岸为苏家园（图8-24-16）。

《诸麻村图》中，山陇起伏，山腰云雾缥缈，山侧有大、小两岛。大岛又名金蝉大岛，小岛又名金蝉小岛。山中有平台，诸麻村位于其上。山后建有耕牛庙（图8-24-17）。

《渔湾图》中，山体围合中央的方家围，云雾遮挡之下隐约可见屋舍前后松竹茂盛。屋后的山崖高耸，三段瀑布自上而下，依次形成老龙潭、二龙潭和三龙潭。崖边凌空处建有白云寺（图8-24-18）。

图 8-24-16
［清］《云台山志》——《隔峰村图》

图 8-24-17
[清]《云台山志》——《诸麻村图》

图 8-24-18
[清]《云台山志》——《渔湾图》

《东磊图》中，山峰顶部宽平，山体厚重敦实。远处为三峰崖，中间为帷平山，峰台上建有延福观，四周沟壑深割，一侧为塔儿湾，立有石塔（图8-24-19）。

《山东村图》中，山形起伏连绵，山东村位于山麓平台处，前有小桥流水，旁有太平观、土地庙（图8-24-20）。

《凌洲村图》中，巨大的山体占据了大幅图面，山中有瀑布直泻而下，凌洲村坐落于山麓瀑布口。旁有溪涧，涧上架设石桥（图8-24-21）。

图 8-24-19
[清]《云台山志》——《东磊图》

图 8-24-20
[清]《云台山志》——《山东村图》

图 8-24-21
[清]《云台山志》——《凌洲村图》

《关中村图》中，远处的山体分别为镜子崖、香炉峰和虎窝山，近处的为杨家山、华盖山、李家山。虎窝山即苍梧右岭，山形如虎踞，山中多桃李松竹。下有青龙涧，汇成“之”字形的河流，河边有益州院、半山园。半山园中有半山亭，四周竹木繁茂，据传为明代顾乾兄弟读书处，后为程氏别业。前关村和后关村分别位于河两岸（图8-24-22）。①

《水流村图》中，画面中央为水流村和丹霞寺，侧有浦山，前有札山，形成山体环抱之势（图8-24-23）。

《诸吴村图》中，诸吴村位于画面中央偏右，前为社林山，四周山岭围合（图8-24-24）。

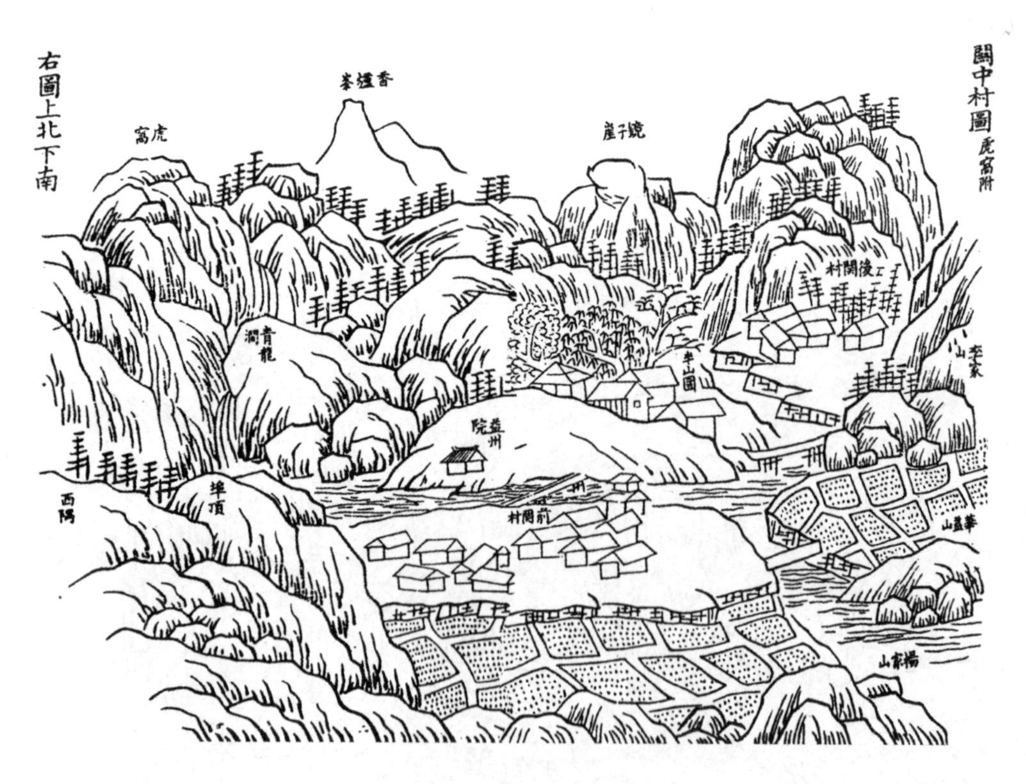

图 8-24-22
[清]《云台山志》——《关中村图》

①[清]崔应阶：《云台山志》卷二、卷三。

图 8-24-23
[清]《云台山志》——《水流村图》

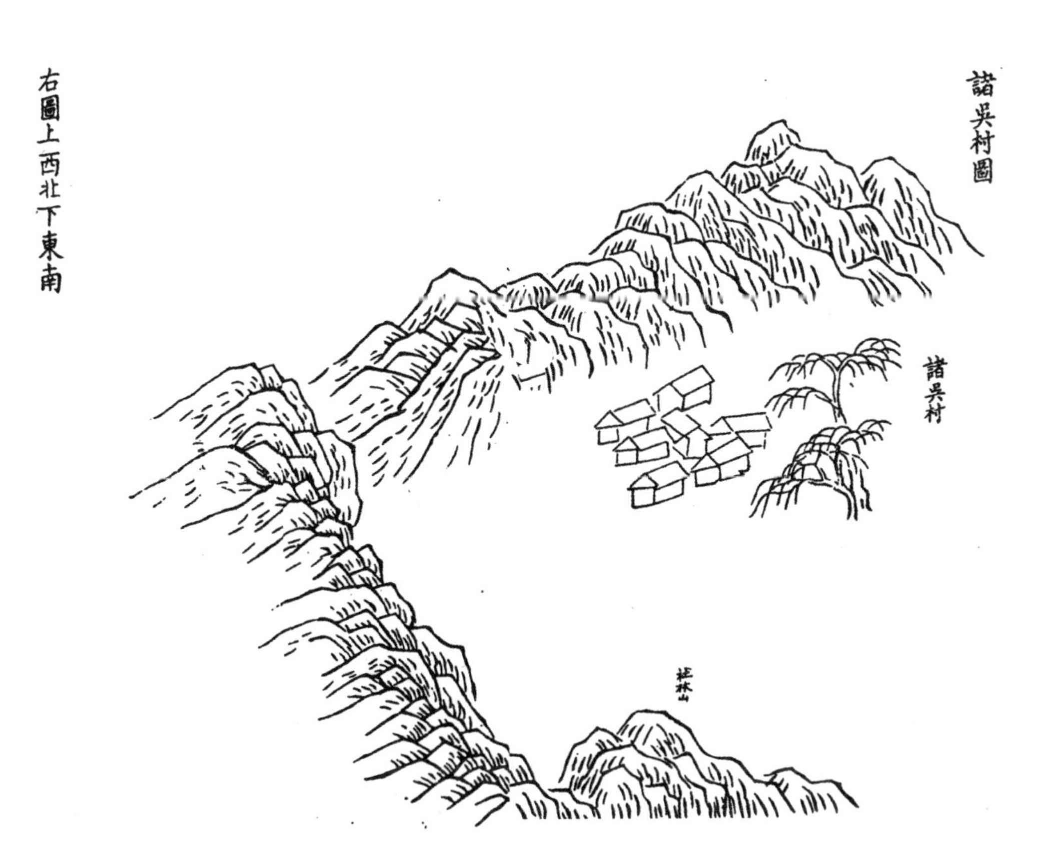

图 8-24-24
[清]《云台山志》——《诸吴村图》

第二十五节　包山图像

包山俗称西山，即今江苏苏州西南太湖中的西洞庭山。《名山图》中有木刻版画插图《包山》。图中，江面中共有前后两个山岛。前面的山岛岸线曲折，沿岸有多处石矶伸入水中，个别石矶中有孔洞。山麓与坡间分布着数处建筑群，造型较为朴素。建筑前后有一些林木丛。后面的山岛坡上露出殿阁屋顶（图8-25-1）。

图 8-25-1
[明]《名山图》——《包山》

第二十六节　浮槎山图像

《名山图》中有木刻版画插图《浮槎山》。画面中央为河面，河道在此分为三个方向。远处山峦连绵起伏，山麓和石矶岛屿上种植有松、桃、梅。前景岸边种有柳树。图中绘有五艘渔船，其中两艘泊在岸边树下，三艘正在向右方行驶。右侧岛矶上分布有一处民舍建筑群（图8-26-1）。

图 8-26-1
[明]《名山图》——《浮槎山》

图 8-27-1
[明]《名山图》
——《石门》

第二十七节　青田山图像

青田山又名石门山。《名山图》中有《石门》一图。山势雄伟，崖壁峭立，山体占据了画面大半部分，给人以压迫之感。图像右下方露出一片农田，右下角溪涧上架设有单孔石拱桥。入山磴道自桥端起始，忽而穿石，忽而临崖，通往画面左下角山坳中的寺观山门。在山石、林木掩映之中，磴道转而通向石崖峭壁之上的一座寺院。该寺有最好的观景视野，临崖建有一座两层高阁，以廊庑与其他建筑相连。山石之间、林木之下还可以看到覆钵式的塔林（图8-27-1）。

第二十八节　武夷山图像

武夷山位于福建省北部，是古代闽越族栖息之地，以奇峰、幽谷、植被、秀水著称。武夷山的主要山峰包括莲花峰、三仰峰、天游峰、幔亭峰、大王峰、齐云峰等，山中分布有中亚热带原生性森林生态系统，物种资源丰富，古树名木众多。九曲溪发源于武夷山西部，向东流淌，在丹霞地貌的峰峦叠嶂中萦绕回环，溪流两岸连绵三十六峰，形成壮美的景观。武夷山同时也是佛道名山，是道家三十六洞之十六洞天所在。唐代在此建有会仙观，历代扩建，形成武夷宫。南宋大理学家朱熹于宋淳熙十年（1183）在武夷山中建造武夷精舍，在此著书立说，形成南宋理学传播的中心。

《新镌海内奇观》中有《武夷山图》两幅。图8-28-1-1中，武夷宫（又名冲佑万年宫）位于山麓溪水旁，宫中有拜童台、三清殿、玉皇阁，后有法堂。宫后为大王峰。上有换骨岩，位于幔亭峰之北，峰腰有石室，内有屋阁。隔山陇有天鉴池，水质晶莹清澈，旁有升真观，池右有投龙洞。下有文公祠、九峰祠。

九曲溪水路婉转，“一曲”处有狮子峰、大小观音峰，观音峰右为兜鍪峰，峰下原有九峰书院。兜鍪峰旁有妆镜台，刻有“二曲”两字。玉女峰与镜台相对，旁为勒马峰、凌霄岩、赤壁峰、小藏峰，崖壁中有石室仙学堂。溪水东有铁板嶂，后有仙猿岩、会仙岩。

图8-28-1-2中，溪水西有峭壁大藏峰，其上刻有“三曲飞仙台”五字。大藏峰上为金鸡岩，岩下为卧龙潭，刻有“四曲”字，潭上有宴仙岩、李仙岩，旁有御茶园、龙井、龙亭。溪水东有钓鱼台，旁有希真岩、题诗岩。钓鱼台连大隐峰，峰下有紫阳精舍，后有伏羲洞、罗汉洞、回回洞，顶为铁笛亭旧址。接笋峰中有玉华岩，溪西有晚对峰，上刻“五曲高山仰止”。溪流中有曹家石、苍屏峰，此为“六曲”。溪水东三仰峰中有碧霄洞，下有小桃源，岩石上刻“七曲”。岩顶名为天壶，其左有棋盘岩。图左为鼓褛岩、鼓子岩，岩壁间有吴公洞，下有狮子岩，岩中刻有“八曲”。九曲溪头为灵峰、白云岩，玄都观位于其下，岩左有毛竹洞，三教峰三峰并峙，下有香炉石、猫儿石、丘公岩，溪旁有磨石，为“九曲”之处。九曲外有一线天、水帘洞。[①]

《名山图》中有《武夷》。图中，峰峦繁复奇秀，云海缥缈，松林挺拔。山中隐隐分布有多处寺观建筑（图8-28-2）。

《天下名山图咏》中有《武夷山》（图8-28-3）。

---

①《新镌海内奇观》卷七。

图 8-28-1-1
[明]《新镌海内奇观》——《武夷山图》一

图 8-28-1-2
[明]《新镌海内奇观》——《武夷山图》二

图 8-28-2
[明]《名山图》——《武夷》

图 8-28-3
[清]《天下名山图咏》——《武夷山》

第二十九节　桂海图像

《新镌海内奇观》中有一幅《桂海图》，所绘为桂林山水图像。画面中央为郡城，四面开辟有四座城门。南门长有巨大的榕树，故称为榕树门。城中与四方皆有奇山。独秀山屹立于城中，峰陡崖峭。峰崖之上有雕栏画阁，峰下有五咏堂、读书岩。叠彩山、伏波山皆位于城东漓江边。叠彩山中有风洞，山上有四望亭。伏波山山体大部分位于城外，山脚深入漓江，前悬石柱，离地一线，名为伏波试剑石。城南有漓山，山前有水月洞，乘舟过之如大象掀鼻，又称象鼻岩。城北偏西有宝积山，与城墙相连，山中有华景洞。城东北有虞山，山下有韶音洞。城西有隐山，山中有朝阳、夕阳、南华、白雀、嘉莲、北牖六洞。

漓江自城池东侧绕过。七星岩位于漓江东，形如北斗，山中有栖霞洞。七星岩前有龙隐岩，后有省春岩。省春岩北有尧山，是图中唯一的土山，山上有白鹿禅师修行的佛寺。漓江在东南转为南溪，白龙洞位于南溪斗鸡山山口，洞内有石磴石室（图8-29-1）。①

图 8-29-1
[明]《新镌海内奇观》——《桂海图》

① [明] 杨尔曾：《新镌海内奇观》卷十。

第三十节　点苍山图像

点苍山位于云南大理，连绵十九峰，植被苍郁，山色青翠。山中诸峰自南向北依次为斜阳峰、马耳峰、佛顶峰、圣应峰、马龙峰、玉局峰、龙泉峰、中峰、观音峰、应乐峰、雪人峰、兰峰、三阳峰、鹤雪峰、白云峰、莲花峰、五台峰、苍琅峰、云弄峰。每两峰之间均有一条溪涧，主要为南溪、莫残溪、青碧溪、龙溪、绿玉溪、中溪、桃溪、梅溪、隐仙溪、白石溪、灵泉溪、锦溪、芒涌溪、阳溪、万花溪、霞移溪等。山体主要为青石，山腰多有白石。

《新镌海内奇观》中有《点苍山图》。图中前为洱海，湖中有赤文岛。水面后方山峰连绵、俊雅秀奇。山中、山前有无为寺、三塔寺、一塔寺，侧有天生桥横跨两峰。据该书记载，三塔寺内有七楼八殿，瀑布如玉。无为寺内有汝南王石碑。山中另有珠海寺、混混亭、觉真庵、宝林寺、园海寺、鹤顶寺、金山寺，松萝崖、感通寺、昭文洞、弘圣寺、点苍神祠、问俗亭、帝释寺、元世祖驻跸台、救疫寺、鹤云寺、石云寺、宝华寺、遗爱寺、罗刹洞、出佛洞、金榜寺等寺观与景物。山中多有山茶、丹桂。唐代李德裕曾在此建有平泉庄（图 8-30-1）。[①]

《名山图》中有《点苍山》。图中，山峰连绵如丘，山前为农田，溪涧自沟谷中流淌而下，汇入田埂边沟。山麓有寺观建筑群，主建筑位于中轴线上。田边有多处村舍建筑（图 8-30-2）。

《天下名山图咏》中亦有《点苍山》图（图 8-30-3）。

①［明］杨尔曾：《新镌海内奇观》卷十。

图 8-30-1
[明]《新镌海内奇观》——《点苍山图》

图 8-30-2
[明]《名山图》——《点苍山》

图 8-30-3
[清]《天下名山图咏》——《点苍山》

第三十一节 丫髻山图像

丫髻山位于北京东北怀柔县境内，双峰对峙，形如儿童头上的丫髻，故名丫髻山。山顶建有碧霞元君庙和玉皇阁，为道教圣地，自古香火极盛。康熙、乾隆、嘉庆均御赐匾额，并数度驻跸于此。

《鸿雪因缘图记》中有《丫髻进香》一图。图中丫髻山磐石叠嶂，风光秀丽。山中拔起两座山峰，峰石雄险，颇为壮观。右侧山峰山顶建有圆形殿宇，为玉皇阁所在。阁下方另有一座重檐歇山殿宇。左侧山峰上建有碧霞元君庙建筑群，背临危崖，前有三百六十级台阶盘道，如垂落天河，直通山下。图中碧霞元君庙和玉皇阁台基垂壁皆为乱纹石，台基下磴道曲折，山中松柏、篁竹、梅花树等植被较为丰富（图8-31-1）。

图 8-31-1
[清]《鸿雪因缘图记》——《丫髻进香》

第三十二节　大伾山图像

大伾山位于河南浚县城东，商周时期称为犁山，汉朝时候称为黎阳山。山下黄河经常泛滥，北魏时期依山东侧崖壁凿有大石佛，以镇水患。石佛高达 22.9 米，坐于大佛阁之中。[①]山中多摩崖石刻，还有三仙洞、阳明洞、吏隐亭、小蓬莱诸景点。山顶有青坛，据传为汉光武帝在平定王朗军时所筑，用于祭天，因此又称为青坛山。

《鸿雪因缘图记》有《大伾观河》一图。图中左下角为县城，大伾山隔河矗立于松林之后。山体多为巨石，山势高耸，山壁直立，磴道直上通向山顶。山麓松林中隐约可见寺庙，山中植有松树、竹林，松树后可见一组建筑，竹林前矗立三开间牌坊，林中有亭。山顶建有一座景亭（图 8-32-1）。

《天下名山图咏》中有《大伾山》（图 8-32-2）。

图 8-32-1
［清］《鸿雪因缘图记》——《大伾观河》

① 任思义：《谈谈浚县大石佛的创凿年代》，中原文物：1989 年第 2 期，第 66—70 页。

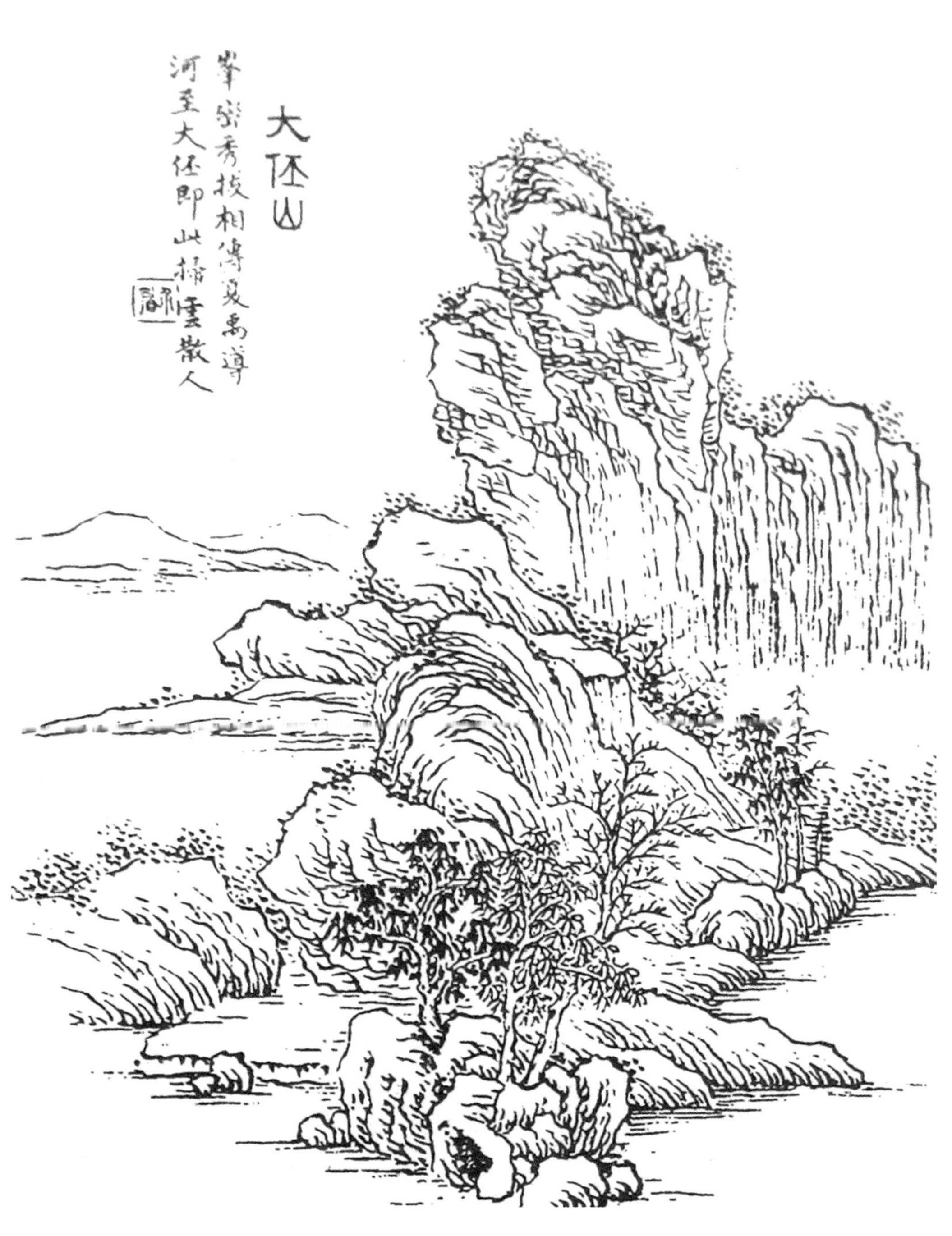

图 8-32-2
[清]《天下名山图咏》——《大伾山》

图 8-33-1
[清]《鸿雪因缘图记》
——《玉屏问俗》

第三十三节　玉屏山、黔灵山和双狮山图像

玉屏山、黔灵山和双狮山均位于贵州境内。玉屏山位于贵州玉屏县。《鸿雪因缘图记》中有《玉屏问俗》一图。图中前景一条河流横穿左右，河面宽广，水流平静。[①]玉屏山矗立于河边，因石色纯白、垒叠如卷，俗称万卷书岩。山下有墨潭、松林、纸坪，旁有笔架峰、大马山。江中有两艘旅船，由纤夫牵引，正在缓慢行进。江对岸斜坡上多篁竹（图 8-33-1）。

黔灵山位于贵州省会贵阳，山中树木苍翠，风景优美。明代镇远侯顾成在山中发现圣泉，掘水成池。清初贵州临济禅宗高僧赤松和尚在此创建弘福寺，弘扬佛法，黔灵山成为佛教圣地，被称为"黔南第一山"。《鸿雪因缘图记》有《黔灵验泉》一图。图中，黔灵山山脉蜿蜒起伏，林木茂盛，景致幽胜。山谷之中一条主要磴道曲折而上，两侧有亭、廊、榭等观赏和休憩建筑。圣泉位于画面左侧的山坡下，泉口砌井，上建井亭，亭下有牌坊三间（图 8-33-2）。

双狮山位于贵阳，史料记载甚少。《鸿雪因缘图记》中有《狮岩趺坐》一图。图中双狮山有主峰和侧峰，两峰对峙，一高一低，形同大小双狮。两峰皆以石为主，石壁嶙峋，造型奇巧，宛若狮子摇头摆尾。主峰下有石崖临水，水边石壁之下建有多栋连续排列的住居，房屋皆立于支柱之上，柱脚插入水中。主峰下部石崖与侧峰石壁之间建有一座单孔石拱桥。山中石缝之间生长有植被，石峰中涧水流淌。主峰下有数栋建筑，其中一座为重檐歇山顶（图 8-33-3）。

---

①［清］麟庆撰，汪春泉绘：《鸿雪因缘图记》，北京：国家图书馆出版社，2011 年，第 333 页。

黔靈驗泉

图 8-33-2
[清]《鸿雪因缘图记》——《黔灵验泉》

獅巖趺坐

图 8-33-3
[清]《鸿雪因缘图记》——《狮岩趺坐》

第三十四节　西山图像

西山位于湖南辰溪县辰水与沅江合流处，山中有会仙桥、炼丹池、高蹈祠、逍遥室等古迹，山中华妙洞被称为道教第二十六小洞天，洞内有穆天子藏书处。[①]《鸿雪因缘图记》中《西山鼓棹》一图。图中江面占据了画面右部，右下角露出辰溪县城墙、城门。西山与城墙隔江相望，山势奇秀峻拔，石崖、石梁、石峰交错连接。山腹中的平坦处建有数栋屋宇。山坡的台地上，以及山崖较高处建有寺观殿宇。植被、山体相互掩映，磴道蜿蜒穿梭于石壁之间，有峰回路转之境（图 8-34-1）。

棹鼓山西

图 8-34-1
[清]《鸿雪因缘图记》——《西山鼓棹》

① 王路平：《佛教与古代黔灵山旅游业》，贵州民族学院学报（社会科学版）：1993 年第 4 期。

第三十五节　孤山、北高峰与凤凰山图像

孤山、北高峰位于杭州西湖边，凤凰山位于杭州正阳门外。明代孙枝所绘《西湖纪胜图》中有《孤山》一图（图 8-35-1）。

《南巡盛典》中有《梅林归鹤》一图，所绘梅林位于孤山。图中前为西湖，后为孤山，山形峻峭，山麓有一处园林，园中多湖石假山，曲折有致。园后有巢居阁，前方临水处有放鹤亭。放鹤亭立于台基上，以折桥与岸边相连。此处相传为宋代隐士林逋之隐居种梅放鹤处，附近多梅花树（图 8-35-2-1）。

北高峰为杭州西湖诸峰最高处。《南巡盛典》中有《北高峰》和《韬光观海》两图，均以北高峰景观为主题。《北高峰》图中，山岭中磴道往复，石阶数百，往复回转达三十六湾。山中磴道边有半山亭，可作为游人休憩处。山巅建有休息处和观景建筑。登峰顶可俯瞰西湖全景，一览无余（图 8-35-2-2）。

《韬光观海》所绘之景位于北高峰南坡。图中北高峰山麓山径曲折，多松林丛竹，景致通幽。依山坡建有韬光寺。寺院建筑依山布局，并非严格按照传统寺院形制。寺院高处为观赏钱塘大潮的佳处（图 8-35-2-3）。

《鸿雪因缘图记》中有《韬光踏翠》一图。图中，北高峰峰峦之间云雾缥缈，篁竹丛丛，风光清丽。山道呈“之”字形，盘旋在山腰。韬光庵依山而建，露出歇山顶屋顶。山麓磴道边有数栋依山而建的农舍（图 8-35-3）。

凤凰山多奇石，植被葱郁。山巅制高点为赏湖景和江景的佳处。《凤凰山》图中，山顶台层上建有澄观台，以院墙围合成院，内有数栋休憩和赏景建筑。山中另有胜果寺，始建于隋代开皇年间（图 8-35-4）。

图 8-35-1
[明]孙枝《西湖纪胜图》——《孤山》

图 8-35-2-1
[清]《南巡盛典》——《梅林归鹤》

图 8-35-2-2
[清]《南巡盛典》——《北高峰》

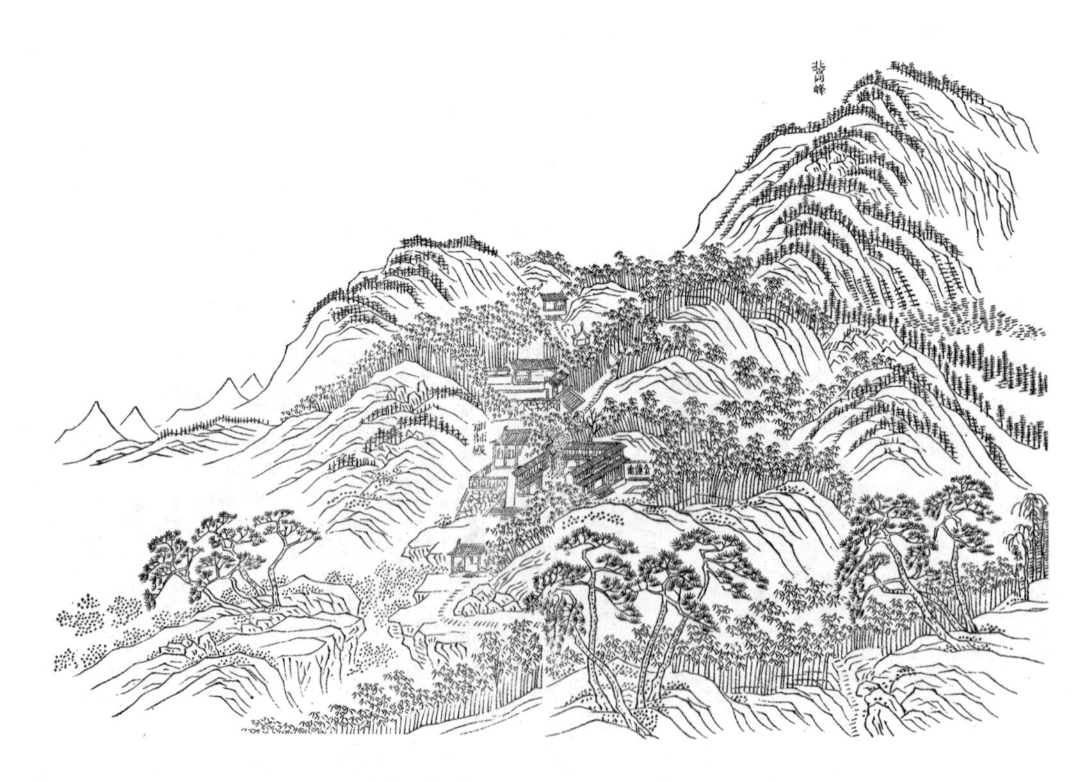

图 8-35-2-3
[清]《南巡盛典》——《韬光观海》

韜光踏翠

图 8-35-3
[清]《鸿雪因缘图记》——《韬光踏翠》

图 8-35-4
[清]《南巡盛典》——《凤凰山》

图 8-36-1
[明]《名山图》
——《石钟山》

第三十六节　石钟山图像

石钟山位于鄱阳湖与长江交界处。《名山图》中有《石钟山》一图。图中，石钟山屹立于水中，崖石之间多缝隙，江水流入其中，水石相击，形成激流。沿山麓临江滨岸建有城墙，开有城门，其上有重檐歇山门楼。门楼后有磴道通向山中的建筑群。山谷内建筑较多，建筑围合的空地后矗立有一座楼阁式塔（图 8-36-1）。

第三十七节　罗浮山图像

罗浮山，又名东樵山，位于广东惠州，是道教第七洞天、第三十四福地所在。山中多峰峦、溪流、瀑布、飞泉和石洞，主要山峰有飞云顶、上界峰、聚霞峰、玉鹅峰等。

《名山图》中有《罗浮》。图中，罗浮山山势雄阔壮美，绘于画面左部。山麓临河，河上架有多孔石拱桥。桥一端与左下角城门相连，另一端与进山的磴道相通。河边多有篔竹，竹林之后露出田地和农舍。山中林木参天，山崖边的台地上建有寺院建筑群。山门位于山脚，两侧延伸出廊庑（图 8-37-1）。

《天下名山图咏》中亦有《罗浮山》（图 8-37-2）。

图 8-37-1
［明］《名山图》——《罗浮》

图 8-37-2
[清]《天下名山图咏》——《罗浮山》

第三十八节　青城山图像

青城山位于四川成都，全山峰峦秀美、四季青翠，山峰连绵若城廓，故名青城山。青城山是道教四大名山之一，道教第五洞天所在。

《名山图》中有插图《青城山》。图中，青城山植被葱郁，多松树。山麓位于画面左下角，有溪涧，水面上架有木板桥，临岸有巨大的古松。山坡中的台层上建有道观，造型朴素，前临崖壁，背倚山体，通道沿着崖边向左侧延伸（图 8-38-1）。

《天下名山图咏》中亦有《青城山》（图 8-38-2）。

图 8-38-1
[明]《名山图》——《青城山》

图 8-38-2
[清]《天下名山图咏》——《青城山》

第三十九节　天目山图像

天目山，古称浮玉山，位于浙江临安市，上有两峰，各有一池，如同两目，故称天目山。天目山是道教名山，道教第三十四洞天所在。山中古木参天，峰峦叠翠。

《名山图》中有插图《天目》。图中，天目山山势雄伟奇丽，峰腰云雾缠绕，植被葱郁。前景有溪流急涧，喷涌而下。两岸长有巨松，姿态万千。溪边有磴道向远处延伸，道边建有一座两层高的小楼，似乎有休憩和观景的功能。远处云雾之中露出两座寺观殿阁的屋顶（图 8-39-1）。

《天下名山图咏》中有《天目山》（图 8-39-2）。

图 8-39-1
[明]《名山图》——《天目》

图 8-39-2
[清]《天下名山图咏》——《天目山》

第四十节　九峰三泖图像

九峰指的是凤凰山、厍公山、佘山、神山、薛山、机山、横山、天马山、小昆山这九座山峰，位于上海松江境内，呈西南—东北走向。山均不高，但是植被葱郁，景色秀美。三泖指的是松江、青浦、金山至浙江平湖间的大湖荡。

《名山图》中有插图《九峰三泖》。图中，水面浩瀚，有碧波万顷之感。岸边多为水稻、柳树。湖中有一岛屿，岛上建有寺院殿阁，寺塔矗立于其上。湖对岸为九峰，山峰连绵成一体，山顶有殿阁与寺塔，山麓多有民居（图 8-40-1）。

《天下名山图咏》中亦有《九峰》（图 8-40-2）。

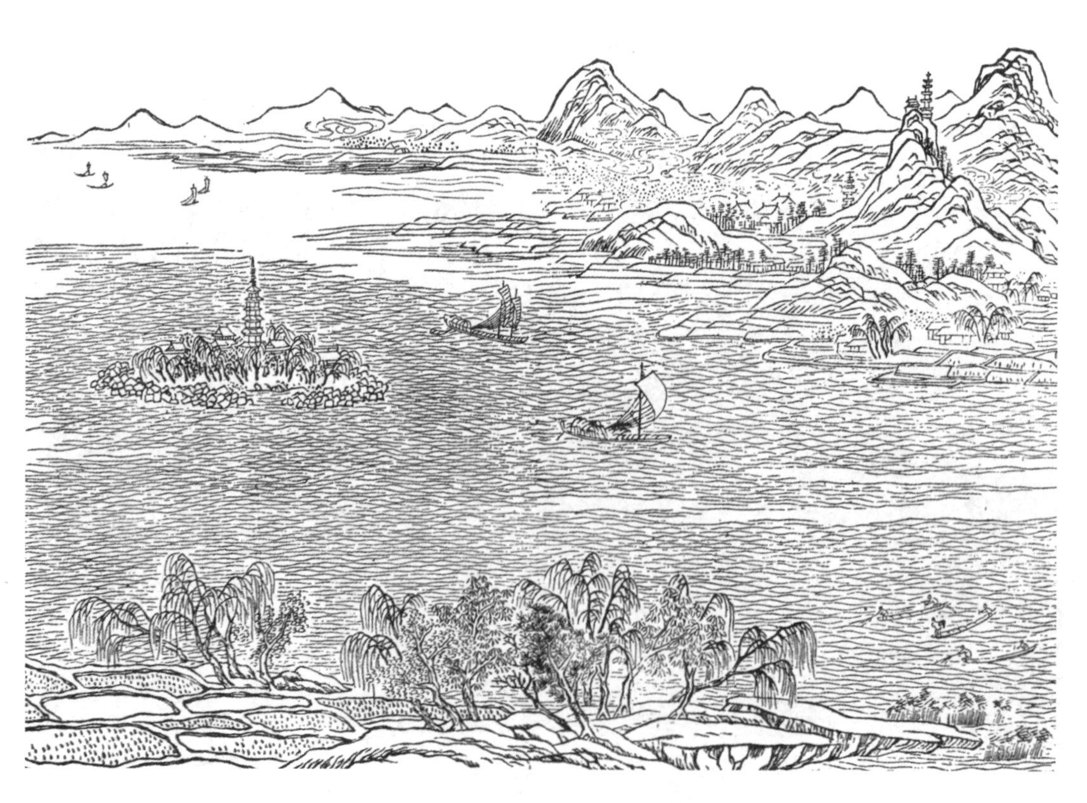

图 8-40-1
［明］《名山图》——《九峰三泖》

九峰

府境諸山自杭天目而來纍纍然隱起平疇望之如列宿排障元陶宗儀曰九山離立如幽人冠帶拱揖狀此九峰所以稱也

沈錫齡

图 8-40-2
[清]《天下名山图咏》——《九峰》

第四十一节　浮山图像

浮山又名浮渡山，位于安徽枞阳县，北临长江，南望九华，西有菜子湖，南有白荡湖。浮山原系古火山，峰岩林立，多幽洞、深穴。

《新镌海内奇观》中有《浮山图》6 幅。图 8-41-1-1 中，一座方形的寺院建筑群占据了画面大部分。寺院呈中轴对称格局，主殿三重檐，面阔五间。两侧配殿均面阔三间。寺院山门前有放生池，一侧有龙吟洞、定心岩，后侧有水面，远处有如来峰、佛子岭、飞来峰。

图 8-41-1-2 中，抱龙峰下有鹦鹉石，旁有妙高峰。金谷岩位于翠微峰下，另有狮子石、苓芝岩、碧桃岩、滴珠岩。滴珠岩原名大通岩，又名滴水岩，位于金谷岩左侧，岩内石洞四壁多有石刻，是大通禅师栖息之处，岩石顶有两层穿心阁和龙池，池内无水。

图 8-41-1-3 中，两侧岩峰姿态变化多端，岩下为溪涧。远处山中有望仙亭。溪涧左侧山上为紫霞关。穿心岩位于胡麻溪源头，左右石板如桥，又名仙人桥。胡麻溪上另有金鸡洞。右侧山崖中有峨眉洞、雷公洞，洞口有丹井。

图 8-41-1-4 中，前有石龙峰、天柱峰，中心为会圣岩。会圣岩位于翠盖峰，俗称会胜岩，旁有塔、惜阴亭。

图 8-41-1-5 中，张公岩位于玄元峰下，是昔年张同之隐居之处，岩石前有石阁、静室、夕阳楼、杵药台，台上有玄霜臼、鼎炉洞、烂柯亭、棋盘石，岩下有桃花涧。跨涧架有渡仙桥。涧旁为朝阳洞、止泓岩、阮君洞。朝阳洞可俯瞰潜龙峡，直面枕流岩，石壁上刻有王阳明诗作。阮君洞原名太乙洞，止泓岩位于连云峡内，上有蓬壶洞、黑虎洞。渡仙桥一侧，有太古岩、丹丘岩、真隐岩。丹丘岩前对屯兵峰，后有石泉，顶有小天池。

图 8-41-1-6 中，丹崖峰立于水边。峰下有倚天岩、啸云岩。观音岩又名啸月岩，位于翠屏峰下，刻有观音大士像。旁有桃花洞，下有桃花涧。

除了图中所标注以外，浮渡山中还有碧云岩、云栖岩、静定岩、伏虎岩、普陀岩（又名醉翁岩）、摘星岩、断虹峡、应真台、晚翠岩、六子岩（廊岩）、首楞岩、九曲洞、浮空岩、望星台、茶庵、罗汉峰、文殊峰、绿萝庵、九曲涧、浮空岩、栖真岩、庆云岩、翠华岩、莲花石、洗药池、和风岩、三曲洞、静极洞、潜龙峡、负鳌洞、黑虎洞、三曲洞、潜龙洞、凌霄洞、铁笛洞、水帘洞、流霞洞、梅花洞、休休洞、太极洞、彩霞洞、飞燕洞、横云洞、龙女洞、天机洞、玄冥洞、退休洞、海天洞、宝藏洞、龙隐洞、定心洞、涌苍洞、华严洞、幽谷洞、龙湫洞、长虹洞、石象洞、甘泉洞、卧龙洞。①

《天下名山图咏》中有《浮度山》（图 8-41-2）。

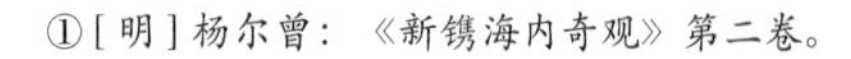

①［明］杨尔曾：《新镌海内奇观》第二卷。

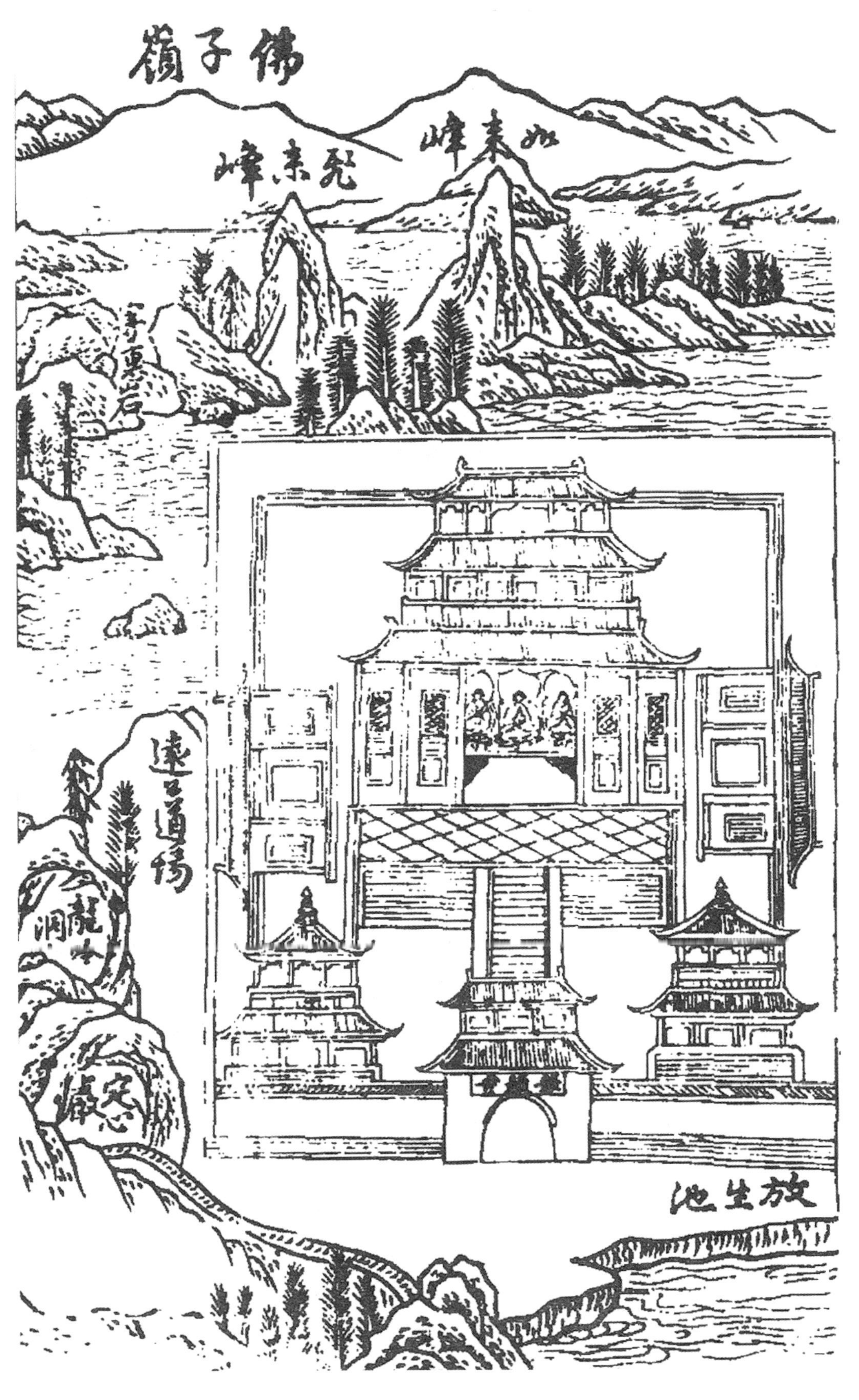

图 8-41-1-1
[明]《新镌海内奇观》——《浮山图》一

图 8-41-1-3
[明]《新镌海内奇观》——《浮山图》三

图 8-41-1-2
[明]《新镌海内奇观》——《浮山图》二

图 8-41-1-5
[明]《新镌海内奇观》——《浮山图》五

图 8-41-1-4

[明]《新镌海内奇观》——《浮山图》四

图 8-41-1-6
[明]《新镌海内奇观》——《浮山图》六

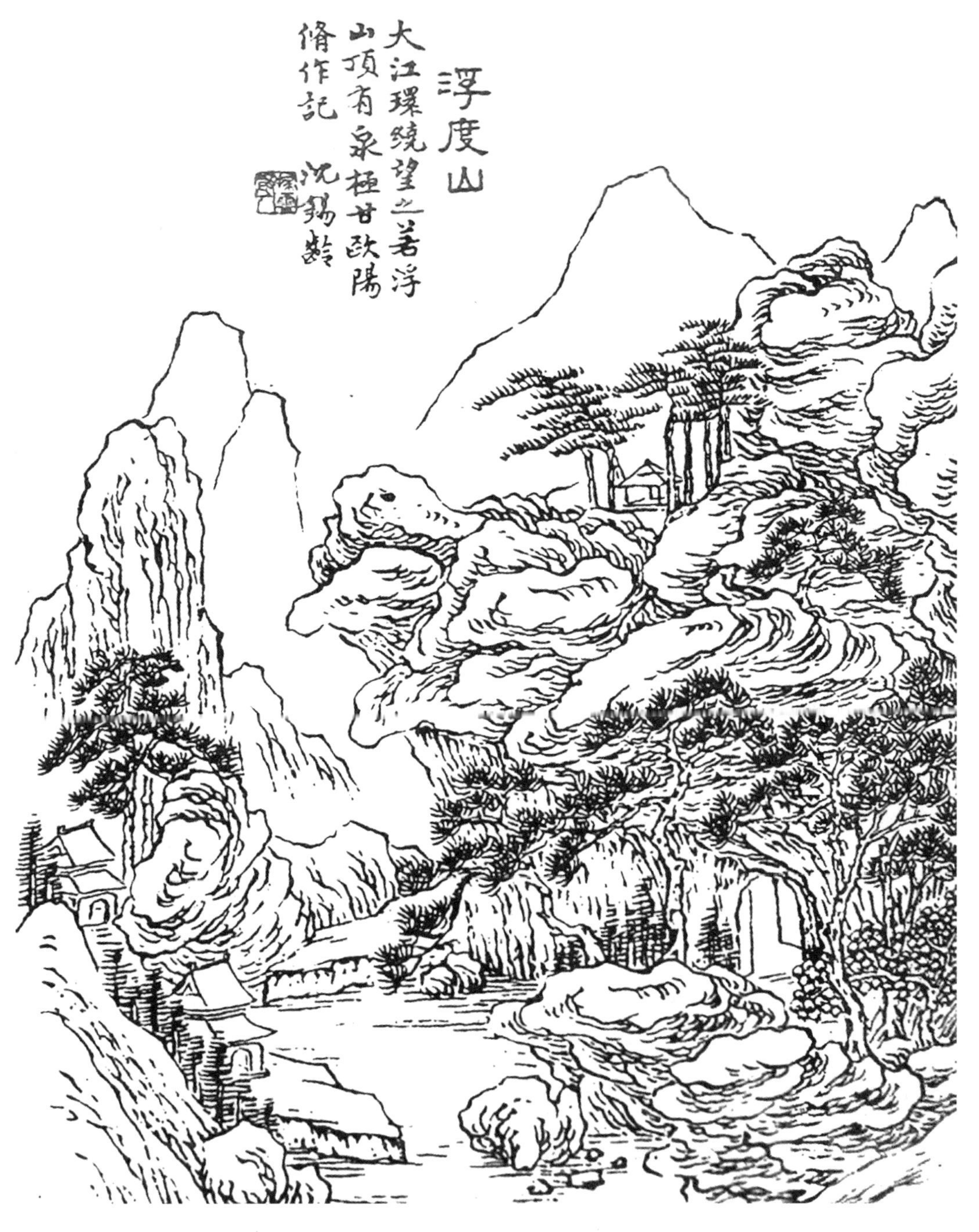

浮度山
大江環繞望之若浮
山頂有泉極甘歐陽
脩作記　沈錫齡

图 8-41-2
[清]《天下名山图咏》——《浮度山》

第四十二节　麻姑山与从姑山图像

麻姑山位于江西抚州，据传麻姑在此山得道，故名。麻姑山是道教圣地，道教三十六洞天所在。《三才图会》中有《麻姑山图》。据该书记载，山中有五老峰、万寿峰等，山麓有桃花源、寻真亭，山中有半山亭，溪涧环绕，风光秀美。山门名“丹霞小有洞天”，门内有忘归亭、水帘岩、碧莲池、会仙亭、仙都观等（图 8-42-1）。[①]

《新镌海内奇观》中有《麻姑山图》。图中磴道自左下方向山中呈折线方向延伸，玉虬瀑布自山崖泻下。磴道经过三峡桥，桥下为投龙潭，桥后山岩中涌出神功泉。磴道通向麻姑殿，山门前有古松，唐代称其为大夫松。山顶矗立有齐云亭（图 8-42-2）。

从姑山位于县城东南，矗立于江边，与麻姑山遥遥相对。《新镌海内奇观》中有《从姑山图》。图中，从姑山分为两峰，东峰为飞鳌峰，西峰为天柱峰。天柱峰旁有天桥与一线天。山中有双玉楼、华子岗、道士楼、云门寺、卷石岩等人文与自然景观（图 8-42-3）。[②]

---

①《三才图会》卷十地理。

②［明］杨尔曾：《新镌海内奇观》卷七。

图 8-42-1
[明]《三才图会》——《麻姑山图》

图 8-42-2
[明]《新镌海内奇观》——《麻姑山图》

图 8-42-3
[明]《新镌海内奇观》——《从姑山图》

桃源問津

第九章

第一节　大明湖图像

大明湖位于山东济南。因地势低洼，济南当地曾有七十二处名泉，皆汇流入大明湖。湖边多种植柳树，环湖分布有祠堂、景亭、寺院。《鸿雪因缘图记》中《明湖放棹》一图描绘了大明湖景观。图中，湖面占据了画面中下部。湖对岸横列济南城墙，城墙右侧绘有两座较高的楼阁，均为重檐顶。湖中心有一座水中岛，岛屿四周均为石砌驳岸，较为规整。岛上建筑分布于左半部，主要建筑包括水阁和一栋两层高的楼阁，水阁前后两间相连，均为卷棚歇山顶，建筑之间置有湖石假山，四周柳树较多，岛右侧有台阶深入水中。从图中看，湖岸边观景建筑较多。右侧湖边有院墙围合的院落，墙内可见曲尺形游廊。左侧湖边有临水的三开间歇山顶水榭（图 9-1-1）。

图 9-1-1
[清]《鸿雪因缘图记》——《明湖放棹》

第二节　前湖图像

前湖位于圆明园宫门外，开凿于乾隆二十八年（1763），是一处人工湖泊。因为湖面被辇道分隔成左右两块水面，形同扇子，故又称为扇子湖。《鸿雪因缘图记》中有《平安就日》一图。图中湖面占据了大部分画面，一条直行的辇道从左下方向右上方延伸，将湖面分割成两块。辇道边种植有柳树，湖边也种植有松树、柳树，湖中有大量的莲叶。湖北岸有壕沟，沟上架设有四座平板桥，过桥则为圆明园宫门。前湖东北角为茶肆“平安园”，茶室高两层，面阔三楹，一层、二层面湖的窗户皆为支摘窗（图 9-2-1）。

图 9-2-1
[清]《鸿雪因缘图记》——《平安就日》

第三节　百泉湖图像

百泉湖位于河南辉县苏门山下。苏门山为太行山支脉，山中建有啸台、百泉书院、清辉阁等景致。百泉湖中最有名的为搠刀泉和涌金泉，搠刀泉据传为唐朝薛仁贵所开，涌金泉为宋代苏东坡题名。[①]

《鸿雪因缘图记》中有《苏门咏泉》一图。图中远景为苏门山，山岭逶迤，依山势建有数处建筑群，各有磴道与山下相通。山麓低坡处以墙垣围合成院，院内建筑沿轴线排列，入口处左右立有旗杆。其右侧一条磴道笔直深入山中，磴道尽头为一座攒尖顶重檐阁楼。中景为百泉湖，石砌驳岸，岸边有平台，台上建有景亭，台基下水流汹涌、浪花翻滚，应为泉眼所在。一座石桥斜跨水面，连接苏门山与近景洲岛。图像左下角洲岛上建筑较多，院墙围合，墙内外多篁竹、柳树。柳树之间木板桥向右侧伸出，通向竹林掩映中的院落。一座窄石桥通向湖中石台，台上建有两层水阁（图 9-3-1）。

图 9-3-1
[清]《鸿雪因缘图记》——《苏门咏泉》

---

①[清]麟庆撰，汪春泉绘：《鸿雪因缘图记》，北京：国家图书馆出版社，2011 年，第 223 页。

第四节 西溪图像

西溪位于杭州城西、灵岩山以北，名称最早出现于北宋中期，指武林山以西的水系，后又泛指留下镇至古荡溪两岸的沿山十八里区域。明代万历年间至清康乾时期，西溪一带种梅、赏梅最为兴盛，其中以南宋辇道、法华寺、法华山、永兴寺、福胜院，以及湖荡洲渚等处的梅花最为著名。①

《鸿雪因缘图记》中有《西溪巡梅》一图。图中，西溪丘陵起伏，河道萦绕，洲渚岸线曲折繁复，洲岛上分布高庄、张庄、陆庄、汪庄等数处别墅园，园内外多种有梅花树，姿态千变万化。其中高庄为翰林高士奇的别墅园林，入口为竹林、木桥，内有三楹竹窗楼，楼上悬挂有康熙御笔题字。张庄为郎中张汇的别墅园，位于梅花泉边，内有嘉植亭、皆春阁、自得泉、竹西草堂、拈花书屋。陆庄最为幽秘，四面环水、环篱，四面种满了篔竹、梅花树、杏树，内有半月池，池边建有读书舫。汪庄内有就山堂，堂前梅花众多。图中最左侧应为永兴寺，寺前绿萼梅最为著名（图 9-4-1）。②

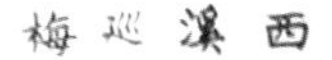

图 9-4-1
［清］《鸿雪因缘图记》——《西溪巡梅》

① 程杰：《杭州西溪梅花研究——中国古代梅花名胜丛考之二》，浙江社会科学：2006 年第 6 期，第 151—163 页。
②［清］麟庆撰，汪春泉绘：《鸿雪因缘图记》，北京：国家图书馆出版社，2011 年，第 65 页。

第五节　虎跑泉、龙井和六一泉图像

虎跑泉位于大悲山。明代孙枝的《西湖纪胜图》中有《虎跑泉》一图（图9-5-1）。

《南巡盛典》的《虎跑泉》图中从林石壁之间泉水流淌，汇成池沼。池上架有单孔平石桥，桥端建有含晖亭。亭后山道往复，尽头隐约可见虎跑寺山门。图版左侧石壁环绕一处高台，台上建筑规整、井然有秩，应为清帝在此休憩的场所（图9-5-2）。

龙井位于风篁岭。《南巡盛典》的《龙井》图中山势起伏较缓，龙井位于图版左侧，原名龙泓井，泉口甚小，泉边建有龙井亭，连以廊庑。附近有浴鳞池、双碧轩、翠峰阁等名胜与亭榭建筑。泉水涌出，汇成池沼、山涧。沿平缓的山坡建有丰富的亭榭建筑，其间以竹林、假山间隔，形成园景（图9-5-3）。

六一泉位于孤山西南。《南巡盛典》的《六一泉》图中临湖岸边为广化寺，寺门面阔三间，门后以廊庑围合成一主一次两院落。主院后为六一泉，泉后为柏堂，两侧伸出廊庑环绕山泉，与主院院墙相接。堂边立有巨柏，跨院后多为竹林（图9-5-4）。

图 9-5-1
[明] 孙枝《西湖纪胜图》——《虎跑泉》

图 9-5-2
[清]《南巡盛典》——《虎跑泉》

图 9-5-3
[清]《南巡盛典》——《龙井》

图 9-5-4
[清]《南巡盛典》——《六一泉》

第六节　钱塘江图像

《南巡盛典》中《浙江秋涛》一图所绘即钱塘观潮，浙江即钱塘江，清代又名曲江。观者视点位于江上，图中所绘钱塘江浪潮汹涌，大潮将至。远处江边有圆形高台，砖砌驳岸，台边以石栏围合。台上前有海神庙，后有观潮楼。海神庙直面钱塘江，面阔五楹，高两层，重檐歇山顶，两侧各有一座碑亭。观潮楼位于海神庙之后，楼高两层，面阔五楹。楼、庙两侧绕以隔墙和廊庑，隔墙中开有两座栅栏门（图 9-6-1）。

《鸿雪因缘图记》中有《钱塘观潮》一图。图中，钱塘江面占据了大部分画面，远处潮水一层层翻滚而来。绘者视点位于江岸建筑之上。图中，临江建筑群位于画面右下角。主建筑为秋涛楼，楼高两层，面阔五楹，重檐歇山顶。一层面向江面一侧伸出抱厦，屋顶为观景平台，与二层相接。一层抱厦前有宽大的平台，其下为石砌台基。秋涛楼后另有一座高两层的重檐歇山顶楼，两楼之间以廊庑相接，形成工字殿格局。此建筑群依山面江而建，四周多为松树、柳树，山后侧隐隐露出一段城墙（图 9-6-2）。

《水流云在图》中亦有《钱塘观潮》一图（图 9-6-3）。

图 9-6-1
[清]《南巡盛典》——《浙江秋涛》

图 9-6-2
［清］《鸿雪因缘图记》——《钱塘观潮》

图 9-6-3
［清］《水流云在图》——《钱塘观潮》

第七节 南池图像

南池位于济宁州南门外。唐代著名诗人杜甫到此地游兴，后人建少陵祠于此。《南巡盛典》中的《南池》一图中，整个景区以院墙围合，北倚城池，南临河道。南池掩映于树丛后，池壁石砌，绕以栏杆。池北为御碑亭，亭北小院内为少陵祠。池边建有水阁，与游廊相接。游廊曲折向西延伸，廊中有休息处。池西景物沿两路分布，西一路前为入口大门，两侧伸出八字墙，入口前有影壁，大门内为方池，池上架有拱桥，池边砌筑栏杆，池后为小合院，院内矗立一座重檐楼阁。西二路自南向北依次为大门、二门、牌坊和亭子。河边、城池下林木苍郁，景致幽然（ 图 9-7-1 ）。

《鸿雪因缘图记》中有《南池志喜》一图，同样描绘了南池风景。图中视点与《南巡盛典》基本一致，远景为城关和太白楼，中景与近景为南池池馆区。在景物内容上，与《南巡盛典》没有明显差异，唯有南池中的亭子变为水阁，体量增大，四面槛窗围合，绕以回栏。图中水面皆结冰，树木叶落，描绘的为南池冬景（ 图 9-7-2 ）。

图 9-7-1
[清]《南巡盛典》——《南池》

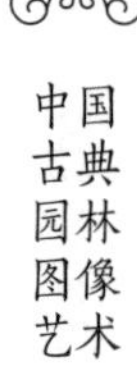

图 9-7-2
[清]《鸿雪因缘图记》——《南池志喜》

第八节　仙游潭图像

仙游潭位于清代盩厔县（今周至）南，又名黑水潭、五龙潭。潭上有石壁，称为“苏章石壁”，据传宋代苏轼、章惇同游此地，曾在此赋诗作书。[①]《关中胜迹图志》中有《仙游潭图》。图中黑龙潭位于山脉之间，其间有玉女泉等泉水，形成水眼。潭两侧的平地上分别建有南寺和北寺。南寺有数幢塔，其中一塔高耸，为楼阁式塔。另有数幢较矮的覆钵式塔（图 9-8-1）。

① 《关中胜迹图志》卷三。

图 9-8-1
[清]《关中胜迹图志》——《仙游潭图》

第九节　龙门伊水图像

龙门位于洛阳南。此处两山对峙，西山称为龙门，东山称为香山[①]，伊水（黄河支流之一）穿流而过。自北魏时期开始，山中峭壁上凿刻有众多的石窟，石窟内有大量石刻佛像，此地成为与山西大同齐名的佛教造像中心。

《关中胜迹图志》中有《龙门》一图。图中，东山与西山之间水流汹涌而下，水源来自错开河、治户川。东山下有大禹庙，庙前有巨石临水，石下有水阁。西山山势峭拔，山中建有禹庙、建极宫，临水石矶之上建有平成阁。阁前有磴道斜下，通向西山山脚的渚北村（图 9-9-1）。

《鸿雪因缘图记》有《伊阙证游》一图。图中左、右两山，高度相近，两山平缓处各建有一座寺院，分别为香积寺和石窟寺。石窟寺建于北魏孝文帝迁都洛阳之后。石壁上有多处石窟，开凿于北魏、唐朝。崖壁下伊水从中间流过（图 9-9-2）。

《天下名山图咏》中有《龙门山》（图 9-9-3）。

① 蒋维乔：《中国佛教史》，北京：金城出版社，2014 年，第 105 页。

图 9-9-1
[清]《关中胜迹图志》——《龙门》

伊闕證遊

图 9-9-2
[清]《鸿雪因缘图记》——《伊阙证游》

龍門山

其西為陝之韓城境後魏成帝嘗射於此有碑記刻其從臣姓名於陰

梓雲散人

图 9-9-3

[清]《天下名山图咏》——《龙门山》

第十节　九鲤湖图像

九鲤湖位于仙游县。据传汉朝何氏九兄弟在此饮用泉水，各乘一条鲤鱼得道升仙。湖旁有九仙宫与仙阁，是乡民祈梦之处。山上有何岩、何城、何岭，上游多溪流、急涌，汇成多级瀑布泻入湖体，形成独特的景观。①

《三才图会》中有木刻版画《九鲤湖图》一幅。图中，九鲤湖处于群山环抱之中，四周山形秀美、峰峦叠翠。湖边有两处建筑。临湖的一处为重檐高阁，檐角飞翘，建筑样式繁复精美，颇具仙阁特色。另一处距湖岸稍远，二合院布局，松林环绕。湖侧山顶飞泉瀑布回绕萦传，泻入湖体（图 9-10-1）。

《新镌海内奇观》有《九鲤湖图》两幅。图 9-10-2-1 中，湖水位于画面中上方，湖边有多座殿阁。前景石峰造型繁复，瀑布自其间因落差分为九级，分别为一雷轰、二瀑布、三珠帘、四玉柱、五石门、六五星、七飞凤、八棋盘、九将军。图 9-10-2-2 中所绘为九鲤湖湖边诸峰，主要有莲花峰、何岭、云居岩、九仙山等，山谷间多有道观。

① 《三才图会》地理十一卷。

图 9-10-1
[明]《三才图会》——《九鲤湖图》

图 9-10-2-1
[明]《新镌海内奇观》——《九鲤湖图》一

图 9-10-2-2
[明]《新镌海内奇观》——《九鲤湖图》二

第十一节 磻溪图像

磻溪位于陕西宝鸡凤翔县，是周太公钓鱼处。《三才图会》中有《磻溪图》。图中，磻溪从两山石壁间流过，水边有钓鱼石，周太公盘膝其上正在钓鱼。磻溪周围山谷幽邃、林木苍秀。溪流一侧的山腹中有石室，据传为周太公所居之地。溪水向北流入渭河（图 9-11-1）。[①]

图 9-11-1
[明]《三才图会》——《磻溪图》

①《三才图会》地理八卷。

第十二节　桃花源图像

桃花源有两处。一处位于安徽黟县，清代属新安郡。此处山岭苍翠、溪涧清澈，环境幽秘，称为“小桃源”。其西有墨岭，水中有石台“浔阳钓台”。唐代诗人李白曾游钓于此，并作有诗句“磨尽石岭墨，浔阳钓赤鱼，霭峰尖似笔，堪画不堪书”。《鸿雪因缘图记》中的《桃谷奉舆》一图描绘了桃源景色。图中山岭逶迤，溪涧自山中萦绕而出，植被茂盛，多篁竹、松树。山道自左下角穿越山腹，继而沿溪涧绕行，消失于篁竹之后。道中有骑马者、车舆、轿夫、挑担者。左侧石壁之间有另一条磴道，越过石坡可至山间谷地。谷中有一处村舍，环境幽秘，周围多种桃花（图 9-12-1）。

另一处位于湖南武陵，靠近沅江。东晋著名文学家陶渊明曾作有《桃花源记》，其描绘的理想环境即为武陵桃花源。《鸿雪因缘图记》中有《桃源问津》一图。图中巨大的石壁上部连成一体，下部敞开，形成巨大的石洞。洞内有河，河边有村舍，四周种满桃花，此为桃花源入口。洞口两座巨石左右对峙，水路狭窄曲折（图 9-12-2）。

《水流云在图》中有《桃源佳致》一图，所绘亦为武陵桃花源。图中，山麓有寺，名为“古桃源”。入山门后有延致亭，亭东有碑亭，沿磴道而上有集贤祠、白云山馆、豁然亭，最高处为一线天。山石多种有梅花树、柳树（图 9-12-3）。

图 9-12-1-1
[清]《鸿雪因缘图记》——《桃谷奉舆》

图 9-12-1-2
[清]《鸿雪因缘图记》——《桃源问津》

图 9-12-2
[清]《水流云在图》——《桃源佳致》

图 9-13-1
[清]《古歙山川图》
——《新安江》

第十三节　新安江图像

新安江是钱塘江上游，源流主要来自渐江和练江。江水落差较大，萦绕于皖南山系之间，两岸景致如画、物产丰饶。《古歙山川图》中有木刻版画插图《新安江》。图中，砾石密布，江水湍急。岸边崖壁峭立，多老树枯木。两艘船行于江中磐石之间，石崖下曲折的磴道上有数位纤夫正在拉船。画面左上角的崖壁后露出一栋殿阁的歇山屋顶（图9-13-1）。

第十四节　三峡图像

三峡是长江上游的一段，自重庆白帝城开始，至宜昌（古称夷陵）结束，包括瞿塘峡、巫峡和西陵峡。沿江水路曲折，山势雄峻，峡口众多，风景如画。

《新镌海内奇观》中有《三峡图》。图中，江水自左下角流入，经过白帝城、瞿塘峡，入巫峡。对岸山中有高唐观，巫山十二峰中峰屏立，崖壁如刀削。长江水出峡后经过巴东县、秭归，折向东南，过新滩。此段江水湍急，激流滩险，崖壁下建有黄牛庙。最终江水从画面右下角夷陵城边流出（图9-14-1）。

《名山图》中亦有《三峡》图。图中，江水自画面左上角开始，向右下方泻去。两岸崖壁险峻，水路在山壁石崖之间曲折迂回，水势湍急（图9-14-2）。

图 9-14-1
[明]《新镌海内奇观》——《三峡图》

图 9-14-2
[明]《名山图》——《三峡》

平湖秋月

第十章

第一节　西湖的风景

西湖，古称明圣湖、钱唐湖，又称为上湖，因其位于杭州城郭以西，故称西湖。[1]西湖西、南、北三面环山，自北向南依次为葛岭、北高峰、灵隐山、天竺山、龙井山、南高峰、玉泉山、凤凰山、吴山等，湖北岸、湖南岸的群山又分别称北山、南山。远古时期，西湖曾为浅海湾，与杭州湾相连，后因泥沙作用变为潟湖，随海潮出没。人类在湖周围聚居开发，修筑堤坝堰塘，西湖面积逐渐缩小，南朝时期形成内陆湖。唐代宗时期，杭州刺史李泌为解决城内居民引水问题，在湖东凿方井、西井、相国井、白龟池、小方井、金牛池，共六口井，引湖水入井。唐穆宗时期，白居易任杭州刺史，为解决农田灌溉问题，曾筑堤围湖、稳定水位。[2]宋元祐年间，苏东坡任杭州知州，采取措施疏浚西湖，所挖湖泥堆积成西北—东南走向的苏堤，纵贯湖面，堤上栽种柳树桃花。为沟通堤两侧湖面水体，苏堤上建有六座石桥，自南向北分别为映波桥、锁澜桥、望山桥、压堤桥、东浦桥和跨虹桥。苏东坡在湖界设立石塔，作为周围农户种植水生作物的界限。南宋时期，设置水闸，疏通水口，清理水井，设置有专门机构负责疏浚西湖，乾道年间政府下禁令不得抛弃粪土、私种荷菱。[3]由于具有湖山天然之景，气候适宜，植被茂盛，人文基础深厚，且临近城区，交通便利，开发较早且管理维护得当，西湖在南宋时期成为名胜之地。

由于西湖风景秀美、开发较早，形成了所谓的“西湖十景”，即苏堤春晓、曲院风荷、平湖秋月、断桥残雪、柳浪闻莺、花港观鱼、雷峰西照、双峰插云、南屏晚钟、三潭印月，共十处代表性风景。苏堤春晓指的是春天佛晓苏堤景色。苏堤连通南山、北山，长三千米左右，沿堤有六座石桥，并栽种桃柳和花草，苏堤游人络绎不绝，尤其以春季观赏春景者居多。曲院风荷位于西湖西北、苏堤北端西侧，原为官府酿酒作坊，坊前有大水池，池内种满荷花，荷香四溢，成为西湖一景。平湖秋月位于孤山南，三面临水，远望西湖诸山，是观赏湖景和赏月的最佳处。断桥是湖北部白堤的起点，原名宝祐桥，桥北为北里湖，再往北为宝石山，桥南为外湖，桥面无栏杆，故积雪时桥面若有若无，桥、湖、山融为一体，成为断桥残雪一景。柳浪闻莺位于西湖东南清波门外，为聚景园所在，沿岸密植柳树，湖风吹来形成柳浪，柳树丛中莺啼阵阵，并有钱王祠、学士桥等景点。花港观鱼位于西湖西南，南面为南湖，因西山花家山溪流在此流入西湖，溪涧旁花丛锦簇，称为“花港”。南宋时内侍卢允升在此营造卢园，开凿了鱼池，养鱼栽花，形成花港观鱼一景。

---

①［明］田汝成：《西湖游览志》卷一。

② 林正秋：《杭州西湖历代疏治史（上）》，现代城市，2007年第3期，第53—56页。

③ 林正秋：《杭州西湖历代疏治史（下）》，现代城市，2007年第4期，第45—52页。

雷峰西照是以雷峰塔为中心形成的景观。雷峰塔始建于五代时期，位于西湖南岸南屏山支脉夕照山上，与湖北岸保俶塔隔湖相对。五代时期，杭州属于吴越国，吴越国王钱俶信仰佛教，为弘扬佛法在西湖南岸建造雷峰塔。宋徽宗时期雷峰塔毁于方腊起义战火，南宋时期得以重建，塔高五层，平面八角形，塔体砖砌，木檐。[①]双峰插云指的是湖边两座最高的山峰——南高峰和北高峰，山势高耸，在群山之中如插云天。南屏晚钟指的是净慈寺钟声，位于南屏山慧日峰下，背山面湖，钟声洪亮悠长。三潭印月是湖中心的小岛，名为小瀛洲，岛中又有湖，湖中有苏东坡疏浚西湖时留下的三座石塔，塔身有洞，月明之夜石塔倒影于水中，成为三潭印月一景。

以西湖十景为主题的图像较多，既有方志、游记的木刻版画插图，也有水墨设色图绘作品。

① 杨鸿勋：《杭州雷峰塔复原研究》，中国历史文物：2002年第5期，第13—21页。

图 10-2-1
[南宋]刘松年《四景山水图》
卷一

第二节　刘松年《四景山水图》

自南宋起，西湖历代图像大多以西湖十景为主题，或者以西湖四季景色为主题。南宋画家刘松年所作《四景山水图》卷是其中代表性的图像。《四景山水图》卷为绢本设色，全卷分成四段，每段一幅图像，每幅纵 41.3 厘米、横 67.9 ～ 69.5 厘米，以春夏秋冬四个季节的西湖湖景为主题，描绘了湖边园林、建筑和人的活动。从图像中可以发现，西湖湖边园林开发比较成熟，自然驳岸湖石嶙峋，植被葱郁，人工石砌驳岸上建有观景平台，岸边建有各类临湖厅堂，多为面湖而建的敞厅，水中建有水阁，并有平桥连接湖中岛屿与石砌驳岸平台（图 10-2-1~图 10-2-4）。

图 10-2-2
[南宋]刘松年《四景山水图》
卷二

图 10-2-3
[南宋] 刘松年《四景山水图》
卷三

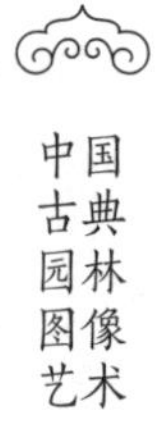

图 10-2-4
[南宋] 刘松年《四景山水图》
卷四

第三节 《西湖志类钞》中的西湖十景

明代俞思冲等人编纂的《西湖志类钞》中，有十幅版画插图，分别以西湖十景为主题。

《苏堤春晓》一图中，前景为左右延伸的苏堤，堤上植柳，左边湖石后架设有拱桥。湖岸曲折，岸边矗立一座楼阁。阁顶为歇山顶，二层挑出栏杆，一位妇女正在凭栏望水（图 10-3-1）。

《花港观鱼》图中，岸边花木婆娑，水中有不少鱼儿在游动。岸边站有四人，正在赏鱼。树下置有矮桌，一人坐于桌旁，手持羽扇。对岸一座草阁立于水中排柱上，阁内一人靠在栏杆上正在钓鱼（图 10-3-2）。

《柳浪闻莺》图中，湖岸边柳树成排，树下两人站立，正在交谈。堤边石矶上三人席地而坐。树下拴有马匹，显然是画中人的坐骑（图 10-3-3）。

《曲院风荷》图中，土石驳岸上有建筑群，沿着湖岸围有土墙，墙顶铺草茸。岸边可见两栋建筑。前面的建筑是一座水阁，窗户敞开，一人袒胸露腹坐在窗内，正在向外张望。水中植被丰富，多为莲叶、荷花、水草（图 10-3-4）。

《雷峰夕照》图中，岸边多为湖石，植被繁茂。林中空地上坐有两位和尚。树林后隐约可见一处小院门扉，远处是雷峰塔。湖中有一叶客船，载有两人，显然是上香的游客（图 10-3-5）。

《平湖秋月》图中，画面大部分是湖面，湖中有芦苇等植物。一轮圆月倒映在湖中。游船船头坐有两位赏月的游客，另有一位童仆正在服侍（图 10-3-6）。

《三潭印月》图中，浩瀚的湖面中三座石塔排成一线，后侧洲岛上建有一座重檐歇山顶的楼阁。前方湖岸边柳树婆娑，停靠有一艘游船，岸边三人席地而坐（图 10-3-7）。

《断桥残雪》图中，前景为桥端，一位士人骑毛驴正欲上桥，驴后面跟着一个肩扛梅枝的仆人。背景为湖北侧的山岭，山麓水岸边是数栋农舍（图 10-3-8）。

《两峰插云》图中，画面主体是两座湖边的山峰：南高峰与北高峰。两峰山势雄奇，山中云雾缥缈，隐约露出数栋寺院殿顶，山头上建有寺塔（图 10-3-9）。

《南屏晚钟》图中，净慈寺入口绘于画面右上部。山门前植有松树，旁边有一处便门，门后是寺院的钟楼。图像左侧画有拱桥，桥上一位和尚背负行囊正在向寺院走去。前景画有四人，两人骑马，一人挑灯在前，一人背灯在后（图 10-3-10）。

图 10-3-1
[明]《西湖志类钞》——《苏堤春晓》

图 10-3-2
[明]《西湖志类钞》——《花港观鱼》

图 10-3-3
[明]《西湖志类钞》——《柳浪闻莺》

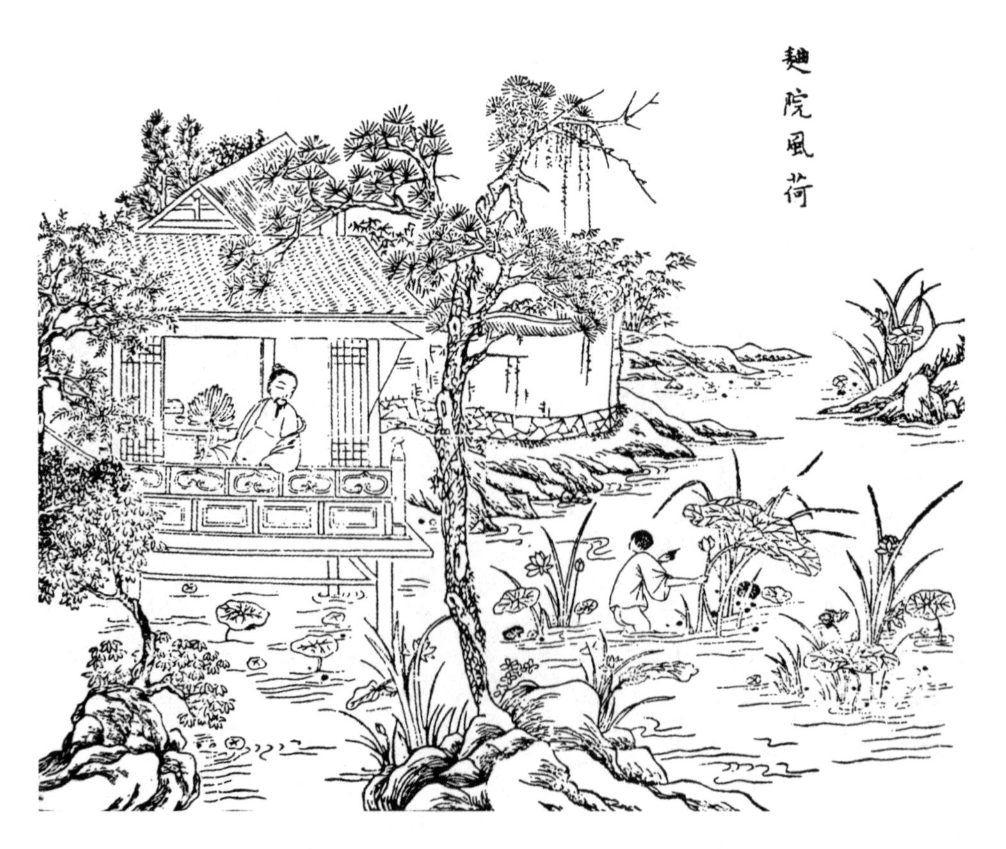

图 10-3-4
[明]《西湖志类钞》——《曲院风荷》

图 10-3-5
[明]《西湖志类钞》——《雷峰夕照》

图 10-3-6
[明]《西湖志类钞》——《平湖秋月》

图 10-3-7
[明]《西湖志类钞》——《三潭印月》

图 10-3-8
[明]《西湖志类钞》——《断桥残雪》

图 10-3-9
[明]《西湖志类钞》——《两峰插云》

图 10-3-10
[明]《西湖志类钞》——《南屏晚钟》

第四节　王原祁《西湖十景图》

清初著名画家、娄东画派代表王原祁（字茂京，号麓台，江苏太仓人）作有《西湖十景图》卷。该图为绢本浅绛水墨横卷，纵60厘米，横656.5厘米，描绘了以西湖十景为代表的西湖景观。图中建筑、山水、植被造型逼真，且结构严谨、层次丰富、富于画意，并以泥书金标出景物名称，是清初西湖图像的代表作品（图10-4-1）。图中内府收藏钤印有“乾隆御览之宝”“嘉庆御览之宝”“宣统御览之宝”，卷尾题字：“日讲官起居注翰林院侍读学士臣王原祁奉敕恭画”。

画面自右向左依次呈现西湖图景。本卷将整个长卷分成七段。图10-4-2中，前为湖面，后为民居和城墙。城墙中开辟有钱塘门。岸边开辟有三个闸口，小闸口河道上架设有圣塘桥，中闸口后面为棋盘山，岸边有秦楼。

图10-4-3中，图像右端为西升庵。自此洲岛与后岸之间的水面扩大。沿着洲岛自右向左依次为断桥残雪、锦带桥、龙王堂、照胆台。台后为孤山梅林，上有放鹤亭、四贤祠，孤山山麓建有行宫，与照胆台相连。背景山体为宝石山，山顶有纱帽石、落星石，旁有保俶塔、保俶寺。

图10-4-4中，背景山体为葛岭，山体延伸至栖霞岭。葛岭山麓有土地庙、地藏庵等。洲岛行宫一侧有陆宣公祠，洲岛端头通过西冷桥与后岸相连。

图10-4-5中，最高峰为北高峰，山中有半山亭。另有桃花岭、乌石峰、紫云洞，山麓有岳王庙。湖中有堤坝横向延伸，堤坝端头为曲院风荷，沿堤坝有跨虹桥、东浦桥。

图10-4-6中，最高峰为南高峰，南高峰向右有烟霞岭、白鹤峰、万阳山，向右有天马山、丁家山，山中有神尼塔，山麓溪涧边有内六桥、茅家埠。湖中堤坝自左向右架设有压堤桥、望山桥和锁澜桥。

图10-4-7中，湖中有两处小岛，一岛上有湖心亭，另一岛为三潭印月所在。岸边有半岛伸出，坡上建有雷峰塔。半岛后与苏堤相接，堤上跨有映波桥。远处山体较高的为五云峰、凤凰山，凤凰山与莲花峰相接，山后可见慈云岭。五云峰旁有南屏山、九曜山，山麓为赤山埠。

图10-4-8中，一道城墙将山体隔开。城墙左侧山体稍低，有万松岭、孔山。城墙右侧为紫阳山，山峰略高，山中有文德庙、城隍庙、东岳庙等建筑。城墙下临湖处有钱王祠、柳浪闻莺。滨岸向右延伸，至问水亭结束。

图 10-4-8
[清]王原祁《西湖十景图》局部七

图 10-4-7
[清]王原祁《西湖十景图》局部六

图10-4-4
[清]王原祁《西湖十景图》局部三

图10-4-5
[清]王原祁《西湖十景图》局部四

图10-4-6
[清]王原祁《西湖十景图》局部五

图 10-4-3
[清] 王原祁《西湖十景图》局部二

图 10-4-2
[清] 王原祁《西湖十景图》局部一

图 10-4-1
[清]王原祁《西湖十景图》

第五节 《南巡盛典》中的西湖十景

清代乾隆年间刊刻的《南巡盛典》中，有十幅插图以“西湖十景”为主题。

《苏堤春晓》图中，远处为湖山之景，近处湖面中苏堤横跨左右，堤上花木繁盛，右侧有单孔石拱桥压堤桥，中间有御书楼和曙霞亭。苏堤为苏轼所建，沟通西湖南北岸，将西湖湖面分为里湖和外湖两大块。康熙巡幸至此，赐名“苏堤春晓”（图 10-5-1）。

《柳浪闻莺》图中，堤岸柳浪滚滚，中间有一座临水平台，台上环绕以院墙、廊庑，前有坐落，又有御书亭，台前端以石拱桥与御书楼相连（图 10-5-2）。

《花港观鱼》图中背景为西山，中间有回廊围合的院落，回廊临水应为赏鱼之处。院前建有御书楼，内置康熙题字。前有定香桥，可至苏堤（图 10-5-3）。

《曲院风荷》图中，背景为西湖西山，前有临水小院，院内有聚景楼、望春楼，两楼以游廊相连。院内多湖石假山，植被葱郁，临水处以栏杆绕以平台，水中有荷花池。望春楼实为水阁，前通洲岛，架有跨虹桥（图 10-5-4）。

《双峰插云》一图中，西湖湖边南高峰和北高峰有冲天之势，山中云雾缭绕，仿佛插入云霄之中。近景湖岸边松林茂密，环境清幽。前有一座圆台，台上建有御碑亭（图 10-5-5）。

《雷峰西照》一图中，以西湖和群山为背景。湖边突起一座山峰，峰上有雷峰塔。雷峰塔始建于五代时期，图中该塔塔身上长有一些植被，充满着岁月沧桑感。塔旁有一座御碑亭（图 10-5-6）。

《三潭印月》图中，一座洲岛位于西湖碧波之中，岛上植被丰富。岛中又有大池，池中沿轴线布置主要建筑。入口处有三开间牌坊，牌坊边有廊庑与隔墙围合的御碑亭，另一边为坐落。过牌坊后为折桥，桥通水阁，可至中心合院。合院内有前后三栋厅堂。主院两侧伸出廊庑，架于池上，与洲岛边路相连。主院后为放生池，池中亦有水阁。岛后水中有三座石塔，塔身有洞（图 10-5-7）。

《平湖秋月》图中，西湖曲岸边突出一座平台，台上以廊庑围合，中心建有望月楼。望月楼高两层，底层形状较不规则，类似于平台，二层面阔三间，歇山顶，装饰精美。楼后为坐落。岸边植被密集，自然生态，上空悬有一轮圆月（图 10-5-8）。

《断桥残雪》图中，断桥位于画面的近景位置，造型为单孔石拱桥，桥上有一座重檐四方桥亭。桥后为北里湖和宝石山，山上有保俶塔和来凤亭。断桥无栏杆，一端架于岸边，靠近御碑亭，另一端与白堤相连（图 10-5-9）。

《南屏晚钟》描绘了南屏山前净慈寺的景观风貌。图中，众山环抱之间，净慈寺依山麓而建。山门开三卷门，两侧八字墙，门前为御诗亭。山门后主轴线上依次有数座佛殿，逐层升高，轴线末端最高处建有藏经楼和望湖亭，亭前空地上有御碑亭。轴线一侧为跨院，跨院内为休憩处，后部有关帝庙（图 10-5-10）。

图 10-5-1
[清]《南巡盛典》——《苏堤春晓》

图 10-5-2
[清]《南巡盛典》——《柳浪闻莺》

图 10-5-3
[清]《南巡盛典》——《花港观鱼》

图 10-5-4
[清]《南巡盛典》——《曲院风荷》

图 10-5-5
[清]《南巡盛典》——《双峰插云》

图 10-5-6
[清]《南巡盛典》——《雷峰西照》

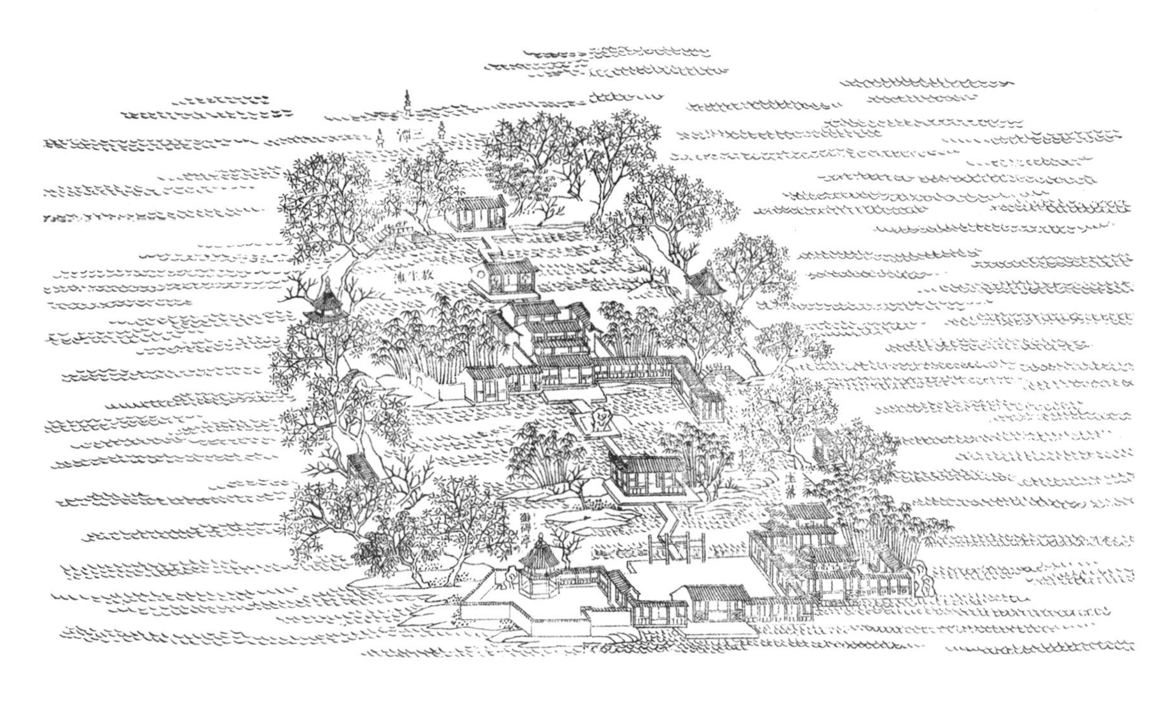

图 10-5-7
[清]《南巡盛典》——《三潭印月》

图 10-5-8
[清]《南巡盛典》——《平湖秋月》

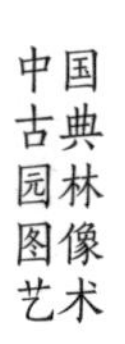

图 10-5-9
[清]《南巡盛典》——《断桥残雪》

图 10-5-10
[清]《南巡盛典》——《南屏晚钟》

第六节　钱维城《西湖三十二景图》

乾隆三十年，宫廷画家钱维城绘有《西湖三十二景图》。该图册为绢本设色水墨，三十二开经折装，共分四册，每册八开，左文右图，含三十二幅西湖及其周边的景点、楼阁、寺观图像。每开画芯纵 12.7 厘米，横 10.4 厘米。各图分别为《苏堤春晓》《柳浪闻莺》《花港观鱼》《曲院风荷》《双峰插云》《雷峰西照》《三潭印月》《平湖秋月》《南屏晚钟》《断桥残雪》《湖心平眺》《吴山大观》《湖山春社》《浙江秋涛》《梅林归鹤》《玉泉鱼跃》《玉带晴虹》《天竺香市》《北高峰》《韬光观海》《敷文书院》《云栖寺》《蕉石鸣琴》《冷泉猿啸》《六和塔》《云林寺》《昭庆寺》《理安寺》《虎跑泉》《水乐洞》《宗阳宫》《小有天园》（图 10-6-1~ 图 10-6-32）。

图册中，前十幅为“西湖十景”的内容。

《湖心平眺》所绘为湖心亭。图中湖心亭位于两岗之间，岗前筑有石台，台上建有重檐景亭。台后有舫轩连廊，遍植花木。

《吴山大观》所绘大观台位于紫阳山顶，登此峰可俯瞰钱塘江与西湖。

湖山春社一景位于金沙涧北，此处泉水源自栖霞岭，涧边多种桃花，旧称桃溪。雍正九年在此营造祠堂祭祀湖山之神，广植花木，辟地成园。图中主建筑布局呈前后三进院落，其右为跨院。主轩右为溪流，其上做有流觞亭。亭西建有临花舫，舫南为水月亭，后有聚景楼、观瀑轩、泉香室。

《浙江秋涛》所绘为钱塘江江潮。

《梅林归鹤》所绘为孤山梅林一景。

《玉泉鱼跃》所绘为清涟寺。寺内有池，水源自西山，池内多养鱼。

《玉带晴虹》所绘玉带桥位于金沙堤，桥有三洞，以通湖水。桥西关帝祠，内有楼阁、回廊，绕以水池。

天竺香寺一景位于乳窦峰北、白云峰南，周围茂林修竹。图中，沿着山道自下而上依次有下天竺法镜寺、中天竺法净寺、上天竺法喜寺三处寺院。春天四处乡民来此焚香顶礼，祈祷丰年，故名。

《北高峰》与《韬光观海》两图所绘为北高峰和韬光庵景观。

敷文书院位于凤凰山万松岭，原名万松书院，康熙五十五年改名。《敷文书院》一图中，夹道植松，书院建筑依山而建，呈前后多进院落格局。

云栖寺位于五云山之西，据说山上有五色瑞云，故名。图中，寺院周围多竹林，山中有洗心亭。寺院依山而建，分为两处合院。前面的较为紧凑，建筑规整对称。后面的合院面积较大，院中空旷有溪流，院后沿着溪流建有廊庑与亭阁。

蕉石鸣琴一景位于丁家山上，可俯瞰西湖与湖北岸的乌石峰、栖霞岭，此地多奇石，形如芭蕉，故名。

冷泉猿啸一景位于云林寺外飞来峰下，峰中有呼猿洞，洞外为冷泉，清莹寒澈，泉边建有冷泉亭。

六和塔位于杭州城南龙山月轮峰，始建于宋开宝年间，用以镇钱塘江江潮。原塔高九层，绍兴年间重建时改为七层。雍正十三年重建，乾隆南巡时曾登塔顶。《六和塔》一图中，六和塔矗立于江岸边，塔高七层，各层均有拱洞佛像，精致绝伦。塔底四周围以廊庑，形成塔院。塔院即为开化寺。

云林寺即为古灵隐寺，始建于晋代，位于北高峰下，寺前有飞来峰。昭庆寺始建于唐代乾德五年，康熙五十二年重建。理安寺位于南山十八涧，原名法雨寺。虎跑泉位于大慈山，泉水清澈甘甜。水乐洞位于烟霞岭，洞内有清泉入涧，前有点石庵。宗阳宫位于吴山东北，原为宋高宗的德寿宫。

图 10-6-1
[清]钱维城《西湖三十二景图》——《苏堤春晓》

图 10-6-2
[清]钱维城《西湖三十二景图》——《柳浪闻莺》

图 10-6-3
[清]钱维城《西湖三十二景图》——《花港观鱼》

图 10-6-4
[清]钱维城《西湖三十二景图》——《曲院风荷》

图 10-6-5
[清]钱维城《西湖三十二景图》——《双峰插云》

图 10-6-6
[清]钱维城《西湖三十二景图》——《雷峰西照》

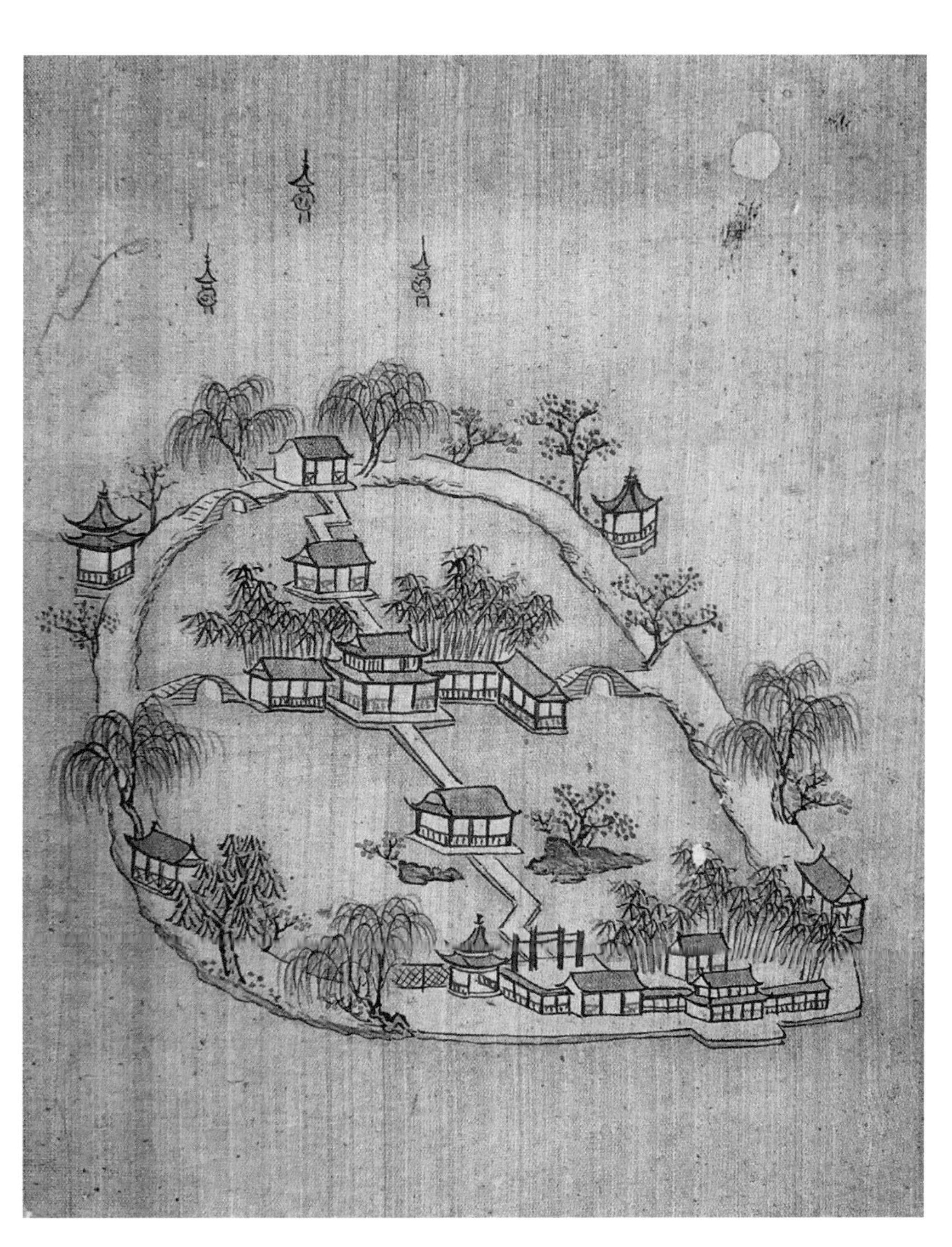

图 10-6-7
[清]钱维城《西湖三十二景图》——《三潭印月》

图 10-6-8
[清]钱维城《西湖三十二景图》——《平湖秋月》

图 10-6-9
[清]钱维城《西湖三十二景图》——《南屏晚钟》

图 10-6-10
[清]钱维城《西湖三十二景图》——《断桥残雪》

图 10-6-11
[清]钱维城《西湖三十二景图》——《湖心平眺》

图 10-6-12
[清]钱维城《西湖三十二景图》——《吴山大观》

图 10-6-13
[清]钱维城《西湖三十二景图》——《湖山春社》

图 10-6-14
[清]钱维城《西湖三十二景图》——《浙江秋涛》

图 10-6-15
[清]钱维城《西湖三十二景图》——《梅林归鹤》

图 10-6-16
[清]钱维城《西湖三十二景图》——《玉泉鱼跃》

图 10-6-17
[清]钱维城《西湖三十二景图》——《玉带晴虹》

图 10-6-18
[清]钱维城《西湖三十二景图》——《天竺香市》

图 10-6-19
[清]钱维城《西湖三十二景图》——《北高峰》

图 10-6-20
[清]钱维城《西湖三十二景图》——《韬光观海》

图 10-6-21
[清]钱维城《西湖三十二景图》——《敷文书院》

图 10-6-22
[清]钱维城《西湖三十二景图》——《云栖寺》

图 10-6-23
[清]钱维城《西湖三十二景图》——《蕉石鸣琴》

图 10-6-24
[清]钱维城《西湖三十二景图》——《冷泉猿啸》

图 10-6-25
[清]钱维城《西湖三十二景图》——《六和塔》

图 10-6-26
[清]钱维城《西湖三十二景图》——《云林寺》

图 10-6-27
[清]钱维城《西湖三十二景图》——《昭庆寺》

图 10-6-28
[清]钱维城《西湖三十二景图》——《理安寺》

图 10-6-29
[清]钱维城《西湖三十二景图》——《虎跑泉》

图 10-6-30
[清]钱维城《西湖三十二景图》——《水乐洞》

图 10-6-31
[清]钱维城《西湖三十二景图》——《宗阳宫》

图 10-6-32
[清]钱维城《西湖三十二景图》——《小有天园》

第七节　其他西湖版画图像

嘉庆年间《鸿雪因缘图记》中有《六桥问柳》和《西湖问水》两图。六桥在苏公堤上，分别为跨虹桥、东浦桥、压堤桥、望山桥、锁澜桥、映波桥。《六桥问柳》图中，苏堤自左下方向右上方延伸，堤上种满柳树，沿堤有六座石拱桥。图中所绘石拱桥造型相似，均为单孔拱桥。《西湖问水》图中，苏堤自图面右下角呈弧形延伸至远方，堤上多为柳树。沿堤可见单孔石拱桥和两层高重檐歇山顶水阁。图幅中央堤岸向左侧延伸出洲岛，洲上有水阁、水榭、亭、馆等观景游赏建筑。远处云雾之间山岭透迤（图 10-7-1、图 10-7-2）。

六橋問柳

图 10-7-1
[清]《鸿雪因缘图记》——《六桥问柳》

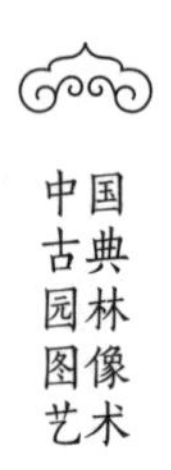

图 10-7-2
[清]《鸿雪因缘图记》
——《西湖问水》

石門躍鯉

第十一章

洞石像名名图

图 11-1-1-1
[明] 孙枝《西湖纪胜图》——《烟霞洞》

图 11-1-1-2
[明] 孙枝《西湖纪胜图》——《石屋》

第一节　烟霞洞、水乐洞、石屋洞图像

杭州西湖边的烟霞岭上有烟霞洞、水乐洞和石屋洞。

明代孙枝所绘《西湖纪胜图》中有《烟霞洞》和《石屋》两图（图 11-1-1-1、图 11-1-1-2）。

水乐洞位于烟霞岭下。《水乐洞》一图中，烟霞岭奇石峭壁之间有水乐洞，洞内冬暖夏凉，有泉水流淌而出，汇成山涧。泉边建有听泉亭。洞边竹林掩映之间可见僧舍（图 11-1-2）。

图 11-1-2
［清］《南巡盛典》——《水乐洞》

第二节　瑞石洞、紫云洞、黄龙洞图像

瑞石洞位于杭州瑞石山。《瑞石洞》一图中，瑞石山实为石头山，石间生长有一些植被。入山口处建有牌坊，沿磴道盘旋而上经过观音洞、寿星石、芙蓉石。瑞石洞洞顶建有蓬莱阁，洞旁有飞来石，石崖之间建有一些轩、楼等观景建筑和游山廊道（图 11-2-1）。

黄山积翠一景位于栖霞岭北麓。《黄山积翠》图中山石嶙峋，植被葱郁。图版右侧高耸的石峰之下有紫云洞，洞口建有道场。山脚有白沙泉，泉后山坡上建有寺院，寺后石壁间是黄龙洞所在（图 11-2-2）。

图 11-2-1
[清]《南巡盛典》——《瑞石洞》

图 11-2-2
[清]《南巡盛典》——《黄山积翠》

第三节　石门洞图像

石门洞位于青田县西北瓯江北岸，是一处天然名胜。《鸿雪因缘图记》中有《石门跃鲤》一图。图中显示，石门洞实际为江边石梁，两侧崖壁向中间倾斜，上有石梁相接，形成洞口。石梁下景色幽深，空间宽广。崖下停靠有两艘船，靠近洞口处的岸边较为宽敞，建有临水四方攒尖亭，较远处的水岸上可见多栋民居。据《鸿雪因缘图记》中记载，亭名为“康乐”，系因纪念南朝永嘉年间谢康乐（谢灵运）在此开山而建。石梁后侧有瀑布直泻而下，瀑布下有石洞，据传为明代诚意伯刘基得天书处，立有祠堂，香火旺盛（图 11-3-1）。[①]

石門躍鯉

图 11-3-1
［清］《鸿雪因缘图记》——《石门跃鲤》

---

①［清］麟庆撰，汪春泉绘：《鸿雪因缘图记》，北京：国家图书馆出版社，2011 年，第 73 页。

第四节　瓮子洞图像

瓮子洞为沅江边的一处险滩，位于桃花源南、沅陵县境内。由于水流湍急汹涌，水声如瓮响。《鸿雪因缘图记》中有《明月证经》一图。图中沅江水势汹涌，江中多礁石、乱石。水中矗立有两处巨大的石崖，左右对峙，其上部有石梁相连，崖间为水道，形成瓮子洞。洞壁两侧均有纤夫道。瓮子洞西侧为明月汇，石崖高耸入云，崖顶有石桥，建有庵、亭，植有青松（图 11-4-1）。

图 11-4-1
[清]《鸿雪因缘图记》—《明月证经》

第五节　牟珠洞图像

牟珠洞位于贵州贵定，洞内以钟乳石著称，景观奇丽，被誉为“黔中第一洞天”。《鸿雪因缘图记》中有《牟珠探洞》一图。图中洞壁怪石嶙峋，云雾缭绕。入口通道较为平坦，建有数间屋宇，生长有松树等植被，屋宇后为牟珠洞洞口所在。入口一侧有山涧，因乱石阻挡，水流湍急（图 11-5-1）。

图 11-5-1
[清]《鸿雪因缘图记》——《牟珠探洞》

第六节　阿庐三洞图像

阿庐二洞是二座相连的溶洞，位于云南泸西县西北六里。《名山图》中有《阿庐三洞》。图中洞口平坦，朝向水面。石峰下种植有竹林、松树，松竹掩映下可见一处围墙围合的建筑群。图中驳岸曲折，一座多孔拱桥跨两岸，桥中央是一座重檐塔（图 11-6-1）。

图 11-6-1
［明］《名山图》——《阿庐三洞》

第七节　飞云岩图像

飞云岩位于贵州黄平县城东，景色奇幽，为历代诗人、文人所题咏。明代在此营造了月潭寺，此后多次修葺。

《名山图》中有《飞云岩》图。图中，巨岩耸立，崖顶有少量树木。岩中有磴道，崖下云雾盘绕，云中露出寺院殿阁屋顶（图 11–7–1）。

《鸿雪因缘图记》中有《飞云揽胜》插图。图中，飞云岩奇石峭壁，瀑布自岩上泻流而下，流入深潭。岩下为月潭寺建筑群，主入口位于画面左下部，入口处立有三开间牌坊，寺内有数栋殿宇。主殿之后有磴道直通飞云岩石洞。石洞上部石崖呈拱形，洞内有钟乳石，呈观音大士像。主殿一侧为悬崖，绕以栏杆，其间有石台，台上建有圣果亭。圣果亭为六角攒尖顶造型，亭内刻有明代哲学家、军事家王阳明所书的《月潭寺记》（图 11–7–2）。[①]

《水流云在图》中亦有《飞云题石》一图（图 11–7–3）。

①［清］麟庆撰，汪春泉绘：《鸿雪因缘图记》，北京：国家图书馆出版社，2011 年，第 372 页。

图 11-7-1
［明］《名山图》——《飞云岩》

飛雲攬勝

图 11-7-2
[清]《鸿雪因缘图记》——《飞云揽胜》

图 11-7-3
[清]《水流云在图》——《飞云题石》

第八节　泸溪机岩图像

机岩位于湖南泸溪县浦市镇蛾眉湾，其东侧有辛女岩，皆为巨大的临江石崖。[①]《鸿雪因缘图记》中有《机岩志异》一图。图中机岩矗立于江边，崖壁直立，体量巨大。崖头向江中突出，崖身有多处溶洞，如太湖石般玲珑剔透，呈现出典型的岩溶石灰岩特征。石崖上植被稀少，溶洞中有陶器、织机等日用品，石崖下部外壁微凸处放置有一条小舟。石壁底部有扉门，门内有涧水流出，当地人称为“响水洞”（图 11-8-1）。

①［清］麟庆撰，汪春泉绘：《鸿雪因缘图记》，北京：国家图书馆出版社，2011 年，第 377 页。

图 11-8-1
［清］《鸿雪因缘图记》——《机岩志异》

第九节　采石矶图像

采石矶为长江的著名石矶，位于明清太平府府城西北，现马鞍山市西南，依托翠螺山深入江面。采石矶古代称为牛渚，山中建有燃犀亭，据传为东晋将领温峤燃犀角之处。采石矶附近江面水势平缓，自古为沟通大江南北的重要渡口，也是战略要地与兵家必争之地，隋朝韩擒虎、北宋曹彬均率军在此渡江南下，南宋虞允文在此大败金军，明大将常遇春亦在此率军鏖战。山中曾有广济寺、谪仙楼、太白祠、三官洞、妙远阁。谪仙楼为纪念唐代大诗人李白而命名，相传李白在采石矶去世，初葬于此地，后移至青山。太白祠中有明末清初著名画家萧云从所绘四大名山壁画。

《太平山水诗画》中有《采石图》和《牛渚矶图》两幅图像。《采石图》中，巨大的石崖占据了画面右半部分，石崖顶部平坦，生长有松树，可坐人。崖中平坦处建有两栋殿阁，皆为重檐歇山顶造型，以磴道沟通上下。《牛渚矶图》中，石矶凌江而立，崖间磴道盘旋往复，矶顶建有数栋殿宇。石矶下江水湍急，水中漂浮着一叶扁舟（图 11-9-1-1、图 11-9-1-2）。

《鸿雪因缘图记》中有《采石放渡》一图。图中采石矶位于画面中央，右、左、前方均为江面，后面为江岸。石矶下小上大，屹立江中，形态雄险。石矶靠近底部的侧面有一座狭小的平台，其上为妙远阁，阁旁的石崖内可见三官洞口。矶上植被与怪石之间露出寺院殿阁的屋顶（图 11-9-2）。①

《天下名山图咏》中有《采石矶》（图 11-9-3）。

---

①［清］麟庆撰，汪春泉绘：《鸿雪因缘图记》，北京：国家图书馆出版社，2011 年，第 176 页。

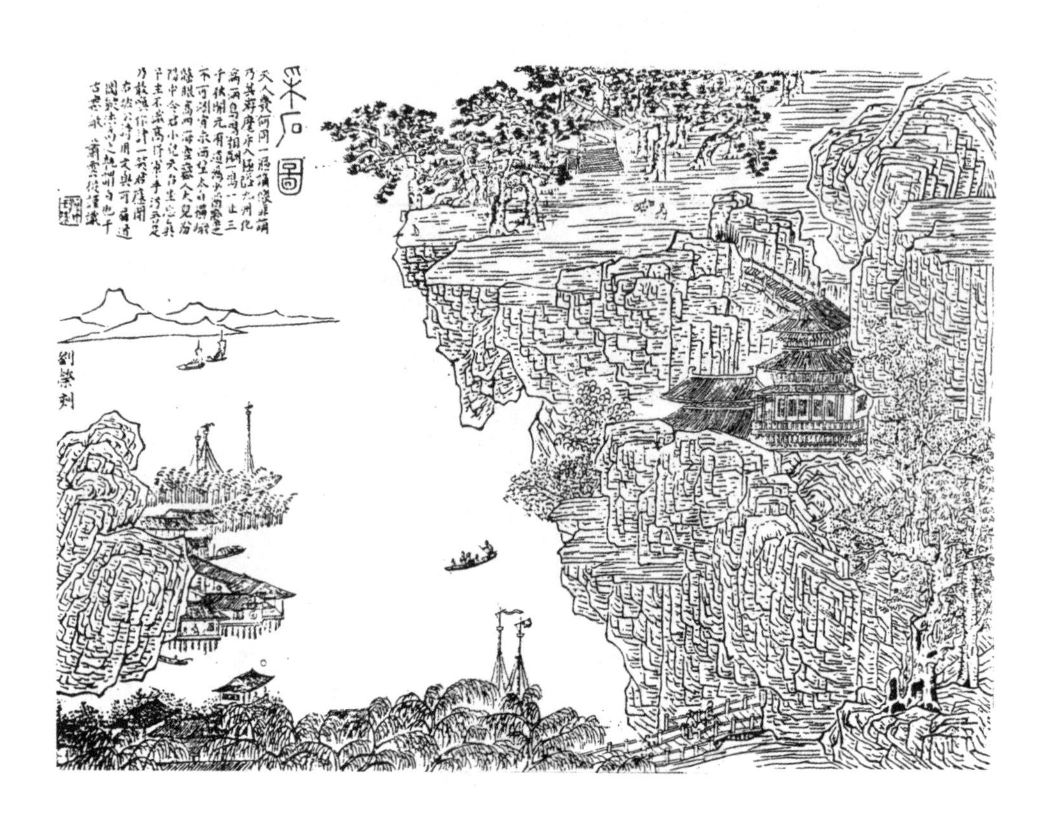

图 11-9-1-1
[清] 萧云从《太平山水诗画》——《采石图》

图 11-9-1-2
[清] 萧云从《太平山水诗画》——《牛渚矶图》

采石放渡

图 11-9-2
[清]《鸿雪因缘图记》——《采石放渡》

采石磯

當長江之要衝其險峻不減於太行

上海沈錫齡擬趙大年筆意於鋤月館

图 11-9-3
[清]《天下名山图咏》——《采石矶》

第十节　灵泽矶图像

灵泽矶位于芜湖西的江心，原名蛟矶，据传三国时期蜀国刘备夫人孙尚香在此投江而死，葬于此处，当地人在矶上为其建有庙宇，称为蛟矶庙、灵泽夫人祠。《太平山水诗画》中有《灵泽矶图》。图中，灵泽矶矗立于江中，形似蛟龙，四周江水波涛汹涌。石矶中为蛟矶庙建筑群。入口门殿面阔三楹，前有码头，以石栏围合。庙中的主殿建于地势较高的太层上，十字脊顶，装饰精美。主殿旁有松树，其对面矗立有一座重檐攒尖阁楼，四面开敞，是观赏江景之处（图 11-10-1）。

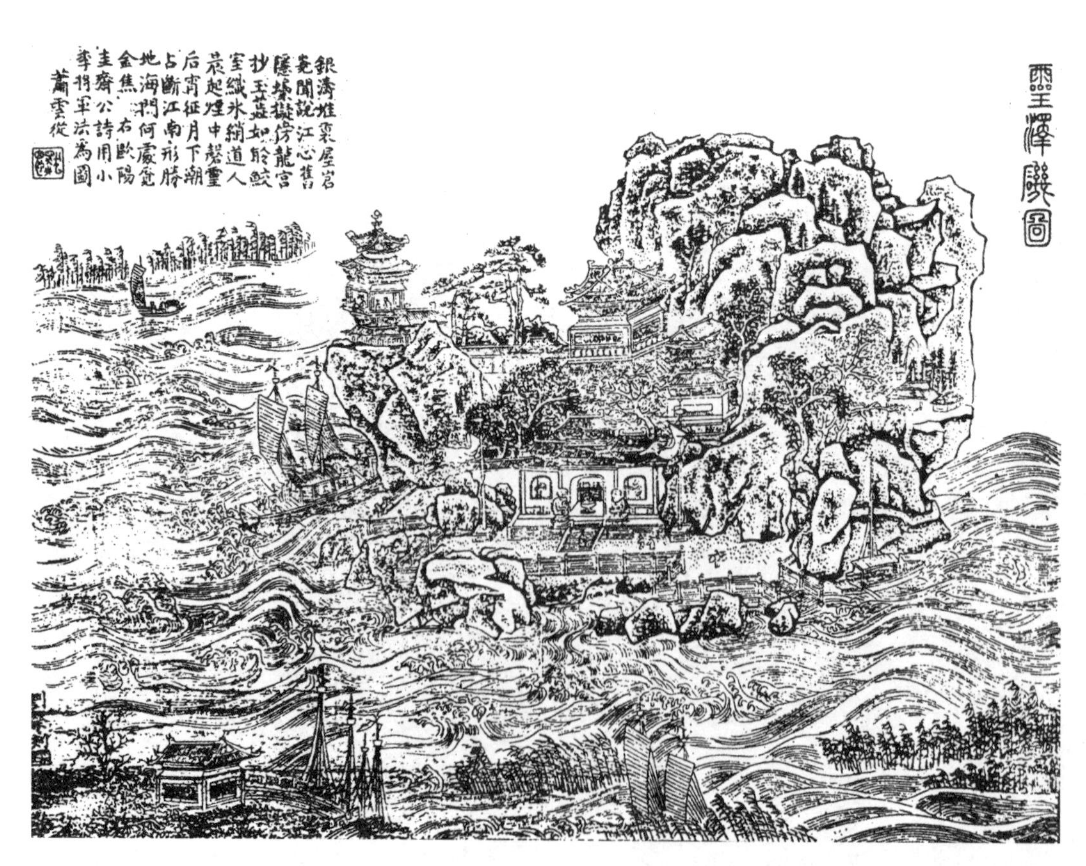

图 11-10-1
[清] 萧云从《太平山水诗画》——《灵泽矶图》

第十一节　坂子矶图像

坂子矶位于长江中，是长江中著名的石矶，明代万历年间曾在矶上建有鹊起庵。《太平山水诗画》中的《坂子矶图》中，石矶崖壁耸立，耸峙于江中。江面波光荡漾，岸边有成片的芦苇，堤岸上种有柳树，树下有草舍、渡船。石矶崖壁上枯藤缠绕，矶头上露出一座古塔。该塔始建于明万历年间，共有七级，砖砌，塔身呈六边形（图 11-11-1）。

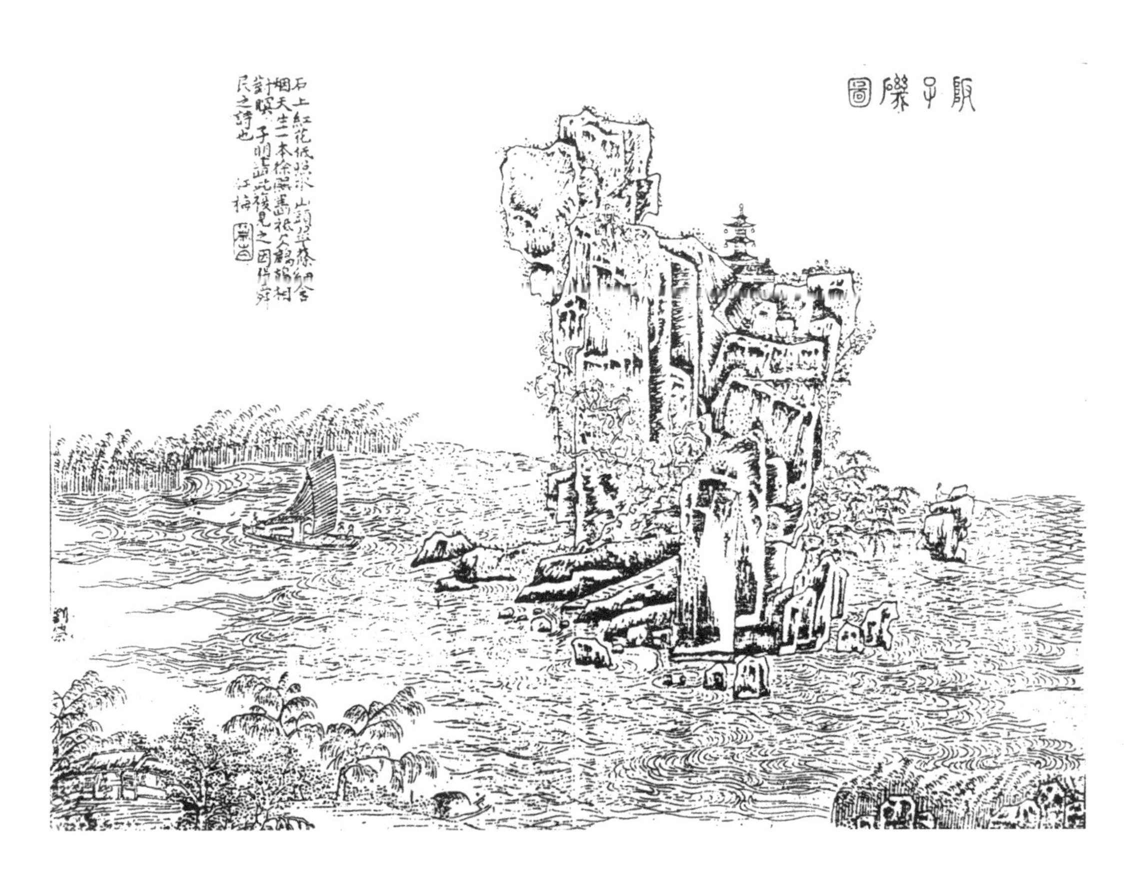

图 11-11-1
[清] 萧云从《太平山水诗画》——《坂子矶图》

第十二章

亭塔楼台图像

图 12-1-1
[明]《三才图会》——《太白楼图》

第一节　太白楼图像

太白楼位于济宁城南，贺知章在此为官，李白路过在此饮酒，故名。明代《三才图会》中有《太白楼图》。[1]图中，太白楼位于城内高台之上，重檐歇山顶，恢宏壮丽。城墙外沃野千里，柳树婆娑（图 12-1-1）。

《南巡盛典》中亦有《太白楼》一图。图中太白楼矗立于城关之上，楼高两层，面阔三间，重檐歇山顶。登城南望可俯瞰运河之景。城池下、运河岸边有多栋民屋，沿河岸有数处停泊码头，四周植被茂盛（图 12 1-2）。

---

① 《三才图会》地理八卷。

图 12-1-2
[清]《南巡盛典》——《太白楼》

图 12-2-1
[清]《南巡盛典》
——《光岳楼》

第二节　光岳楼图像

光岳楼位于东昌府城中。《南巡盛典》中有《光岳楼》图。图中，楼阁建于巨大的台基上，台基四面均开有三个拱门，台边绕以围栏。楼高三层，重檐歇山顶，面阔三间，登楼可远眺岱岳。楼阁位于城中，四周多民居。前面城墙有两处城关入口，城关上均兼有两层叠楼。城墙下沿河岸植被稀疏，建有多处民居。右侧城关外道路边有一处寺院，寺院内建有一塔（图 12-2-1）。

图 12-3-1
[清]《南巡盛典》
——《烟雨楼》

第三节　烟雨楼图像

烟雨楼位于嘉兴府城外南湖中。《南巡盛典》中有《烟雨楼》一图。图中显示，碧波荡漾的湖中有一座洲岛。洲岛中主体建筑为烟雨楼。烟雨楼高两层，面阔五间，重檐歇山顶，造型精美。烟雨楼前后以院墙和廊庑围合，形成前后院。前院顶端建有一座平台屋，面阔三间，屋顶为观景平台。烟雨楼一侧有跨院，前后两进，以游廊围合，主建筑为凝碧阁。岛前有钓鳌矶，入口位于右侧平台（图 12-3-1）。

图 12-4-1
[元]夏永《丰乐楼》

第四节　丰乐楼图像

丰乐楼为南宋临安的酒肆，位于涌金门门外。元代钱塘画家夏永作有《丰乐楼》，图中显示丰乐楼为重檐歇山顶楼阁式建筑，中间有观湖平台，装修精致豪华，前后有柳树数株，游客不绝（图12-4-1）。

图 12-5-1
[清]《鸿雪因缘图记》
——《甲秀赏秋》

第五节　甲秀楼图像

甲秀楼位于贵阳南明河的鳌头矶上，原为明代江东之所建，清代重修，阁前矗立有纪功铁柱，旁有武侯祠、翠微阁，东有涵碧潭，皆为当地名胜。《鸿雪因缘图记》中有《甲秀赏秋》一图。图中甲秀楼为六方形，矗立于河中桥上，楼高三层，重檐攒尖顶，一层四周围合有栏杆，楼身向上逐层缩小。楼一侧为多孔平桥，桥上有亭，近楼处矗立有两根铁柱。另一侧为单孔拱桥。河前方另有一座多孔平桥，桥身两侧装有栏杆，一端与临水水阁相连，另一端通向码头和城墙。两岸建筑较为密集，植被茂盛（图 12-5-1）。

甲秀賞秋

图 12-6-1
[明]《新镌海内奇观》
——《滕王阁图》

第六节　滕王阁图像

滕王阁为唐代李元婴所建，位于南昌赣江边。李元婴是李世民之弟，被封为滕王，调任洪州（今南昌）都督后修建此阁，故名滕王阁。

《新镌海内奇观》中有《滕王阁图》。图中，南昌城中有铁柱宫，滕王阁建于城外高台上，外观高两层，重檐歇山顶，登阁可俯瞰江面，风景绝佳。西北为洞庭湖、君山，山中有湘君祠。东北为鄱阳湖、庐山，可见五老峰、白鹿书院等，湖中有大小孤山（图 12-6-1）。

第七节　叠嶂楼图像

南朝时期，谢朓（字玄晖）曾在安徽宣城陵阳山峰顶建有高斋，是一处能够登高望远的风景建筑。后高斋废弃，唐代独孤及在原址重建，更名为叠嶂楼，成为江南名楼。《三才图会》中有《叠嶂楼图》。图中，叠嶂楼位于山巅，重檐歇山顶，造型恢宏壮丽，视野开阔，登之可俯瞰周围美景。山麓另有一楼，名为正心楼（图 12-7-1）。[①]

①《三才图会》地理七卷。

图 12-7-1
［明］《三才图会》——《叠嶂楼图》

第八节　黄鹤楼图像

黄鹤楼位于武昌蛇山黄鹤矶上，始建于三国时期黄武二年，原为军事用的哨楼，南北朝时演变为具备游乐观景作用的楼阁。盛唐时期，著名诗人李白、崔颢等以黄鹤楼为主题作有多篇著名的诗，黄鹤楼成为江南名楼。[①]

明代《三才图会》中有《黄鹤楼图》。图中，黄鹤楼屹立于江边，呈方形，高数层，重檐攒尖顶，巍峨壮丽。前有石镜亭、涌月台、观音阁，后有黄鹄矶吕公洞（图 12-8-1）。

---

① 王兆鹏，邵大为：《宋前黄鹤楼兴废考》，江汉论坛：2013 年第 1 期，第 91—96 页。

图 12-8-1
[明]《三才图会》——《黄鹤楼图》

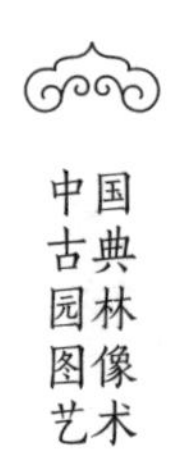

图 12-9-1
[清]《鸿雪因缘图记》
——《津门竞渡》

第九节　望海楼图像

望海楼建于清代，位于天津古津门三岔河口，卫河、白河在此合流向东流入渤海。三岔口西岸建有望海寺，望海楼位于寺北。[①]《鸿雪因缘图记》中有《津门竞渡》一图。图中三岔口合流之处水势汹涌澎湃，水面上两艘龙舟正在比赛。岸边建筑较为密集，大部分为一层屋舍，少量为两层小楼，建筑大多朝向水面敞开，具有一定的观景功能。近景岸边矗立着望海楼。望海楼面阔九楹，单檐歇山顶造型，楼身建造在高大的台基上，直面三岔口，具有很好的观景视点。楼两侧伸出游廊，分别通向左侧的四方攒尖景亭和右侧的卷棚歇山顶楼阁（图12-9-1）。

①［清］麟庆撰，汪春泉绘：《鸿雪因缘图记》，北京：国家图书馆出版社，2011年，第598页。

第十节 岳阳楼图像

岳阳楼位于湖南岳阳（古称巴陵县），北通巫峡，南极潇湘，前望洞庭湖与君山，山水绝佳，是江南名楼。

元代夏永绘有《岳阳楼》，绢本纨扇，墨笔，25.2 厘米 ×25.8 厘米，图中有鉴藏印“仪周珍藏”“秘奇阁图书”。作者采用界画手法，所绘岳阳楼精巧复杂。图中，楼阁建于高大的台基上，主楼高两层，三重檐歇山顶。前面和侧面的台基上各建有一座附属建筑，均为一层歇山顶。主楼与附属建筑均四面有廊，较为通透，上可通人观景。图中岳阳楼造型孤拔峻峭，屋顶有正脊、垂脊、戗脊、角脊，脊端有吻兽、垂兽、戗兽、角兽。楼顶屋檐下可见如意斗拱，层叠交叉，排布繁密。鸱吻、山花、斗拱、阑干造型与装饰极其精致，右侧空白处题有《岳阳楼记》（图 12-10-1）。

《新镌海内奇观》有《岳阳楼图》。图中，巴陵县城位于画面中央，城墙围合，四周皆水，城外有石矶。岳阳楼位于城池上，楼高数重，歇山顶，造型恢宏壮丽。湘江之水自南向北注入洞庭湖，江边有岳麓山、岳麓书院，对岸为长沙城。城陵矶位于洞庭湖中，湖口与汉江相通。岳阳楼直面君山岛、湘君祠，长江沿东北方向而去，江滨有黄州、赤壁（图 12-10-2）。

《三才图会》中亦有《岳阳楼图》。图中，岳阳楼建于高台上，面朝洞庭湖，楼高两层，三重檐歇山顶。前有堤岸与城池相连，岸边有石矶，并植有树木（图 12-10-3）。

《名山图》中有《岳阳》一图。图中，岳阳楼绘于画面左下角，平面为十字形，楼顶为十字脊，每面均为重檐歇山顶。底层掩映在树林之中，顶层四周绕以美人靠，适于观景（图 12-10-4）。

清末《水流云在图》中有《岳阳登楼》一图。图中，岳阳楼位于台基上，面朝湖面。楼高两层，四周回廊，三重檐歇山殿顶，装饰精美。楼前有一座四方重檐攒尖景亭（图 12-10-5）。

图 12-10-1
[元]夏永《岳阳楼》

图 12-10-2
[明]《新镌海内奇观》——《岳阳楼图》

图 12-10-3
[明]《三才图会》——《岳阳楼图》

图 12-10-4
[明]《名山图》——《岳阳》

图 12-10-5
[清]《水流云在图》——《岳阳登楼》

图 12-11-1
[清]《太平山水诗画》
——《东皋梦日亭图》

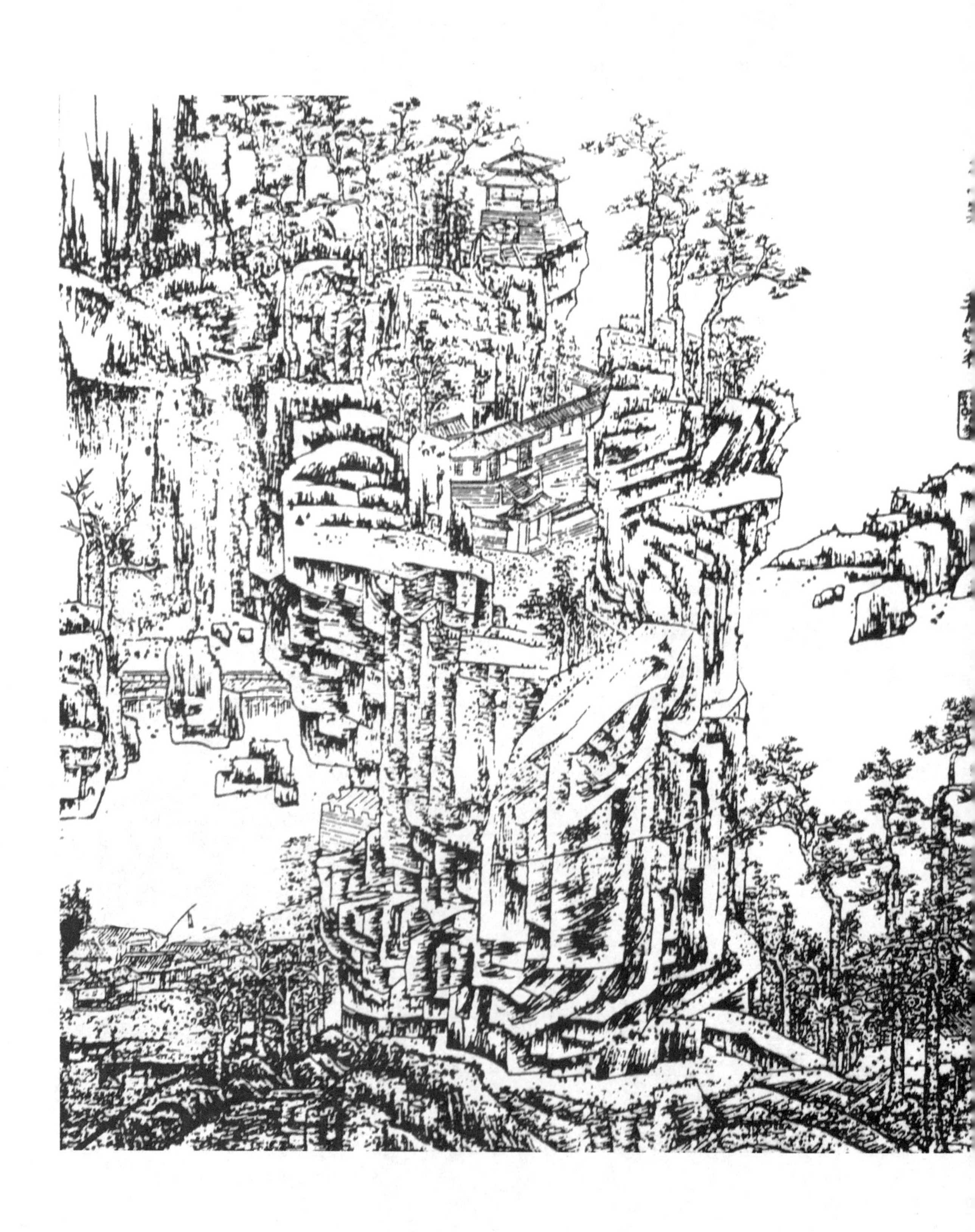

第十一节 东皋梦日亭图像

东晋时期，王敦叛乱，引兵驻扎了芜湖，在鸡毛山南麓修建了王敦城，奠定了芜湖城市发展的基础。北宋年间，为纪念王敦屯兵芜湖与修建城池之事，承天寺方丈募建了东皋梦日亭。《太平山水诗画》中有《东皋梦日亭图》。图中，梦日亭是一座四方重檐攒尖敞亭，屹立于鸡毛山峰岭之上。亭下有高台基，四周青松挺拔，沿着石崖建有登亭的廊庑。山下有整齐的城墙和门楼（图 12-11-1）。

图 12-12-1
[清]《太平山水诗画》
——《吴波亭图》

第十二节　吴波亭图像

吴波亭位于长江与青弋江交汇处，是古代迎客送别的驿亭。因四周江水连波，此处亦是赏月佳处，“吴波秋月”为芜湖八景之一。《太平山水诗画》中有《吴波亭图》。图中，长江横跨画面左右，波涛连天。对岸山岭起伏，山麓岸边柳树依依，有成片的田圩。近岸处柳树、芦苇丛中露出巨石、屋舍，吴波亭立于江边，高两层，四面通透。江岸边设置有码头和多座水阁（图 12-12-1）。

图 12-13-1
[清]《太平山水诗画》
——《雄观亭图》

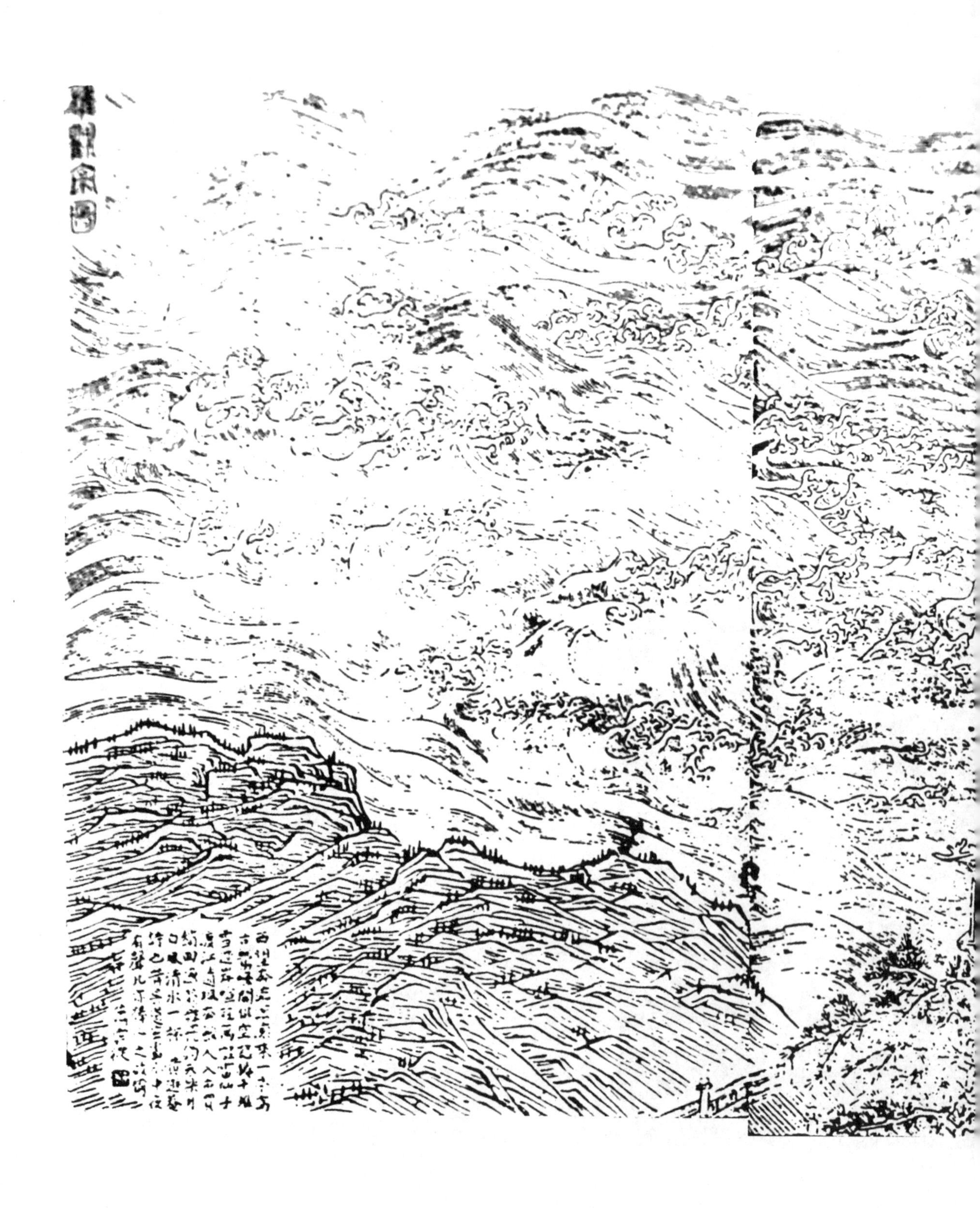

第十三节　雄观亭图像

雄观亭位于鹤儿山上，始建十南宋时期，原名观澜亭。“雄观江声”是芜湖八景之一。《太平山水诗画》的《雄观亭图》中，江面浩荡，波涛汹涌，巨浪滔天。雄观亭屹立于岸边，重檐歇山顶，四面通透，可观赏江景（图 12-13-1）。

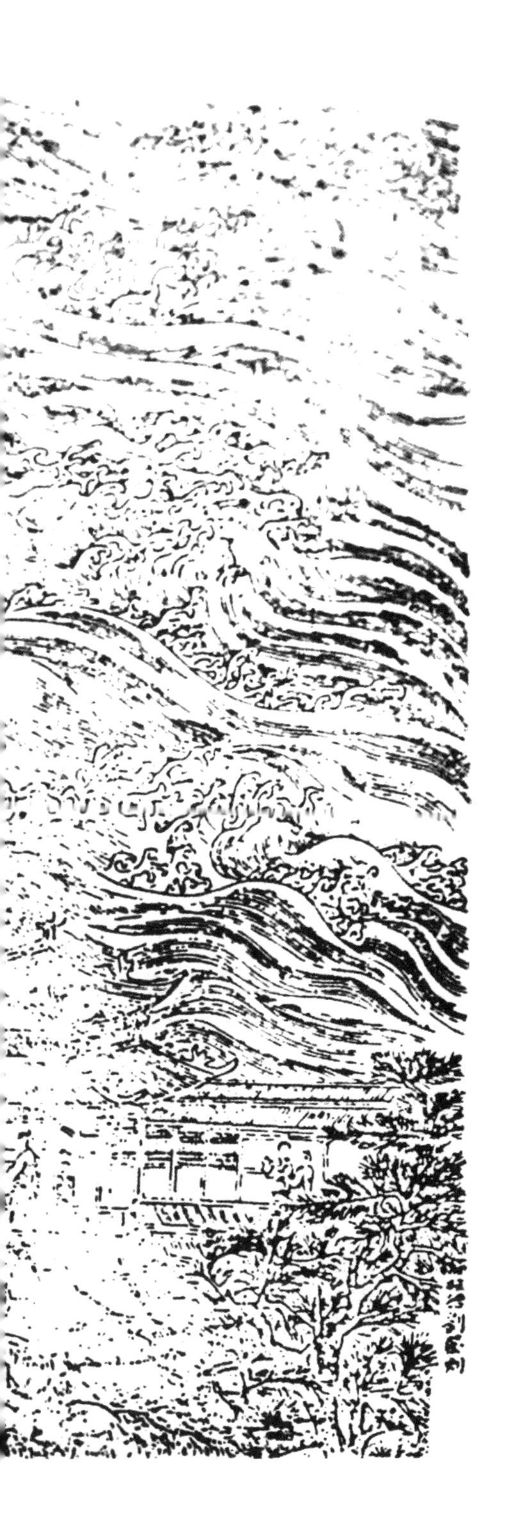

图 12-14-1
[清]《鸿雪因缘图记》
——《兰亭寻胜》

第十四节　兰亭图像

兰亭位于浙江山阴县兰渚山，东晋永和年间王羲之任职会稽内史，曾与谢安等四十二人在此修禊，并作有《兰亭集序》，成为传世墨宝，该亭因此而得名。清代康熙三十八年，曾重建此亭，并御书《兰亭序》刻石碑于亭内。①

《鸿雪因缘图记》中有《兰亭寻胜》一图。图中，兰亭处于一片山野环境之中，周围山势蜿蜒，茂林修竹，清流激淌。近景为一条河流，河上架设有平板木桥。对岸围墙围合成院落，墙内外植被茂盛，尤以篔竹、柳树、松树为多。墙内主体建筑有两栋，前面的为一座重檐大亭，面阔进深均三楹，亭前有流水平桥，一侧为跨院。后面的为重檐六方攒尖亭，亭前地形平坦，两边有梅花等植被（图12-14-1）。

①［清］麟庆撰，汪春泉绘：《鸿雪因缘图记》，北京：国家图书馆出版社，2011年，第93页。

图 12-15-1
[清]《关中胜迹图志》
——《灵台图》

第十五节　灵台图像

灵台位于沣河西岸秦渡镇北，是周代囿苑——灵囿中的故台。明代改为佛寺，清代乾隆三十九年（1774）陕西巡抚毕沅重新修葺。《关中胜迹图志》中有《灵台图》。图中，灵台屹立于沣河岸边，远处可见终南山。沣河上架设有梁家桥。灵台台基分为数层，四周砖砌，台基上建有四处建筑群。建筑多为重檐歇山顶的殿宇，其中夹杂数栋悬山顶的房屋，以及一栋重檐攒尖顶的亭子。建筑物因台基高度和方位不同显高低错落之势。台基下有一池沼，池边种有多株柳树。图中所绘应为清代重修后的灵台风景（图 12-15-1）。

图 12-16-1
[清]《鸿雪因缘图记》
——《吹台访古》

第十六节 吹台图像

吹台位于开封城外，因春秋时期师旷在此吹奏，故名吹台。西汉梁孝王曾在此筑台，又称为平台、繁台。台上建有禹王庙和明代文学家李梦阳书写的石碑。康熙二十三年（1684），康熙曾赐“功存河洛”匾额悬于吹台正楼殿，在殿侧水德殿内祭祀秦汉以来治水有功者二十九人，在另一侧三贤祠内祭祀唐高适、李白和杜甫。[①]

《鸿雪因缘图记》中有《吹台访古》一图。图中，吹台位于画幅右部，台基呈圆形，四周砖砌，前面有台阶连接台面与地面。台上较为宽敞，建有合院。合院分前后两进，一侧为跨院。前院主殿高两层，面阔三间，前出廊。中院后侧有两层高的攒尖顶亭。台下亦为隔墙和屋宇围合，形成前后两进院落。入口门厅两侧伸出八字墙，两边各开有一座便门。吹台一侧为壕沟，沟外为田野。图像左下角的繁塔始建于北宋时期，塔高三级，造型为六角形楼阁式塔。塔前为国相寺（图 12-16-1）。

①［清］麟庆撰，汪春泉绘：《鸿雪因缘图记》，北京：国家图书馆出版社，2011 年，第 243 页。

图 12-17-1
[清]《鸿雪因缘图记》
——《平成济美》

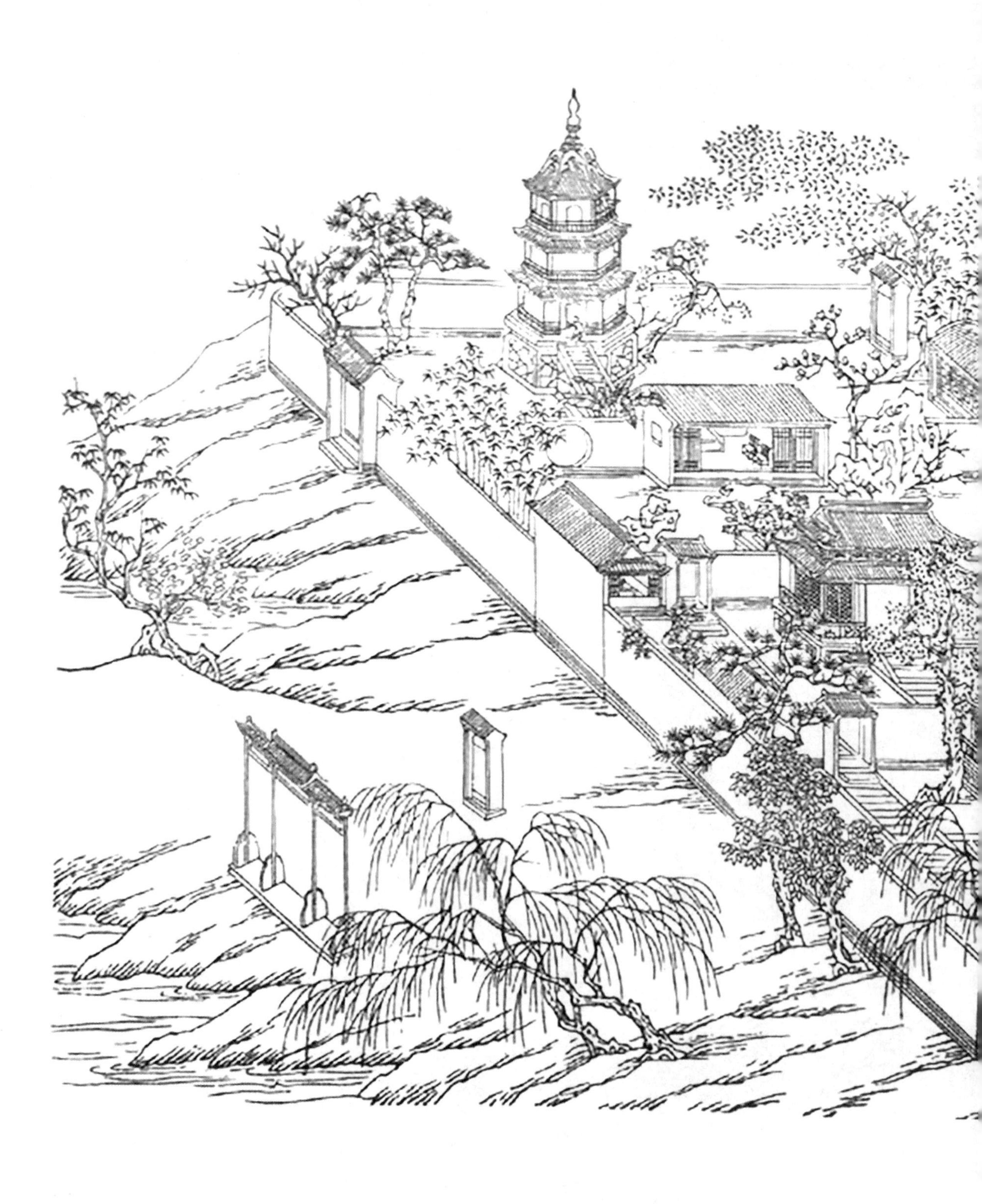

平成濟美

第十七节　平成台图像

平成台位于古淮河入海口处，明代云梯关遗址外。乾隆初年由东河总督所建，用以观海。但是因为泥沙淤积，海口迁徙，清中期已经不能见海。《鸿雪因缘图记》中有《平成济美》一图。图中，平成台位于禹王宫后，平面六边形，台基较高，台上建有三重檐楼阁，称为望海楼。平成台前面的禹王宫，亦为清代河道总督所建，用以镇压水患。禹王宫呈中轴对称布局，前后三进院落。中轴线上依次为入口、前殿、主殿和后房。入口两侧为八字墙，一高两低三座屋檐，中间开辟扉门，两边各有一座圆形窗洞。前殿、主殿均建于台基上，面阔三间，重檐歇山顶，四面出廊。后房为卷棚悬山顶，房内布置有会客桌椅。院内植被葱郁，种植有松、竹、玉兰等植被，第三进院落中置有太湖石峰。禹王宫一侧临河，河边矗立有三开间牌坊（图 12-17-1）。

图 12-18-1
[清]《鸿雪因缘图记》
——《戒台玩松》

第十八节　万寿寺戒台图像

万寿寺又名戒台寺，始建于唐朝武德年间，原名慧聚寺，明代始称万寿寺。《鸿雪因缘图记》中有《戒台玩松》一图。图中前方崇台之上为千佛阁，台四周以石栏围合。阁高两层，歇山顶，三重檐，外观雕梁画栋，装饰精美，气度恢宏。左侧为戒台殿，又称为选佛场。殿高两层，屋顶为庑殿顶，四面呈坡形，顶部正中间为小平顶，其上为五个宝顶，中间高，四周四个较小。两层檐角均挂有风铃。戒台位于殿中，以白石做成崇台，中为莲台，四周列有戒神雕像。自辽代起，屡有高僧登台说法。[1]殿前空地上种有数棵奇松，松枝繁茂，树姿奇巧。殿后云雾缥缈，远处山岭逶迤，石崖峭立，飞鸟掠过（图 12-18-1）。

①[清]麟庆撰，汪春泉绘：《鸿雪因缘图记》，北京：国家图书馆出版社，2011 年，第 622 页。

图 12-19-1
[清]《鸿雪因缘图记》
——《大观醉雪》

第十九节　大观台图像

大观台位于安徽安庆古城八卦门外，又称为人观楼和大观亭。《鸿雪因缘图记》中有《大观醉雪》一图。图中，长江横跨左右，远景为起伏的山峦丘陵，近景所绘的为八卦门至江岸一段的景观。城墙位于图像下方，中央为拱券状城门洞，城门上建有重檐歇山顶城楼。八卦门外的江岸边分布有民居，向左为隆起的山丘，称为龙山。大观台位于临江较高处，石栏围合，台基上建有大观楼。大观楼直面长江，歇山顶，旁边有余忠宣公祠与墓碑。出八卦门向右可至临江寺。寺内有塔，殿阁雄伟，亦是观江景的胜处（图 12-19-1）。[①]

①［清］麟庆撰，汪春泉绘：《鸿雪因缘图记》，北京：国家图书馆出版社，2011 年，第 163 页。

图 12-20-1
[清]《南巡盛典》
——《郊劳台》

第二十节　效劳台图像

效劳台位于良乡县，是清廷为迎接平定回疆后回京的将士而营造的设施。《南巡盛典》中有《效劳台》一图。图中，效劳台为圆形的石砌高台，四周筑有石栏，仅留一处出入口。台四周绕以围墙，形成院落，另一端建有御碑亭。御碑亭建于台基上，平面为八边形，攒尖亭顶。效劳台旁边有院落围合的寺院——有庆寺（图 12-20-1）。

图 12-21-1
[清]《鸿雪因缘图记》
——《永嘉登塔》

第二十一节　江心双塔图像

温州古名永嘉，东临东海，境内有雁荡山、玉苍山诸山脉，瓯江从温州穿过，向东流入温州湾。江中心有一座孤屿，岛上建有江心寺，岛两端各有一座山峰，分别称为龙翔峰与兴庆峰，峰顶各建有一座塔。东塔始建于宋代，西塔始建于唐代。江心双塔遂成为当地名胜。[①]

《鸿雪因缘图记》中有《永嘉登塔》一图。图中瓯江横跨左右，远景为群山，图像下部的近景为城墙。墙内有高出城头的阁楼和景亭，均为重檐顶，装饰精美。江心屿位于画面中央，岛屿中央为江心寺，寺内殿阁多为歇山顶。东西两塔各踞一端。两塔均为六边形，塔身为砖砌，造型属于楼阁式塔，各层出檐，没有平坐栏杆，形制较为接近（图 12-21-1）。[②]

①［清］麟庆撰，汪春泉绘：《鸿雪因缘图记》，北京：国家图书馆出版社，2011 年，第 70 页。
② 高永兴：《江心孤屿双塔溯源》，浙江建筑：2004 年第 1 期，21（1），第 4、5 页。

图 12-22-1
[清]《南巡盛典》
——《镇海塔院》

第二十二节　镇海塔图像

镇海塔位于浙江省海宁县春熙门外，明代曾名占鳌塔。《南巡盛典》中的《镇海塔院》图中，镇海塔面朝汹涌的海水，塔基较高，绕以栏杆，塔身高达七级，四面各层皆挖有拱洞。塔边有叠级而上的平台，登台可观赏海潮。塔前为寺院的合院，形成前寺后塔的格局（图 12-22-1）。

图 12-23-1
[清]《鸿雪因缘图记》
——《铁塔眺远》

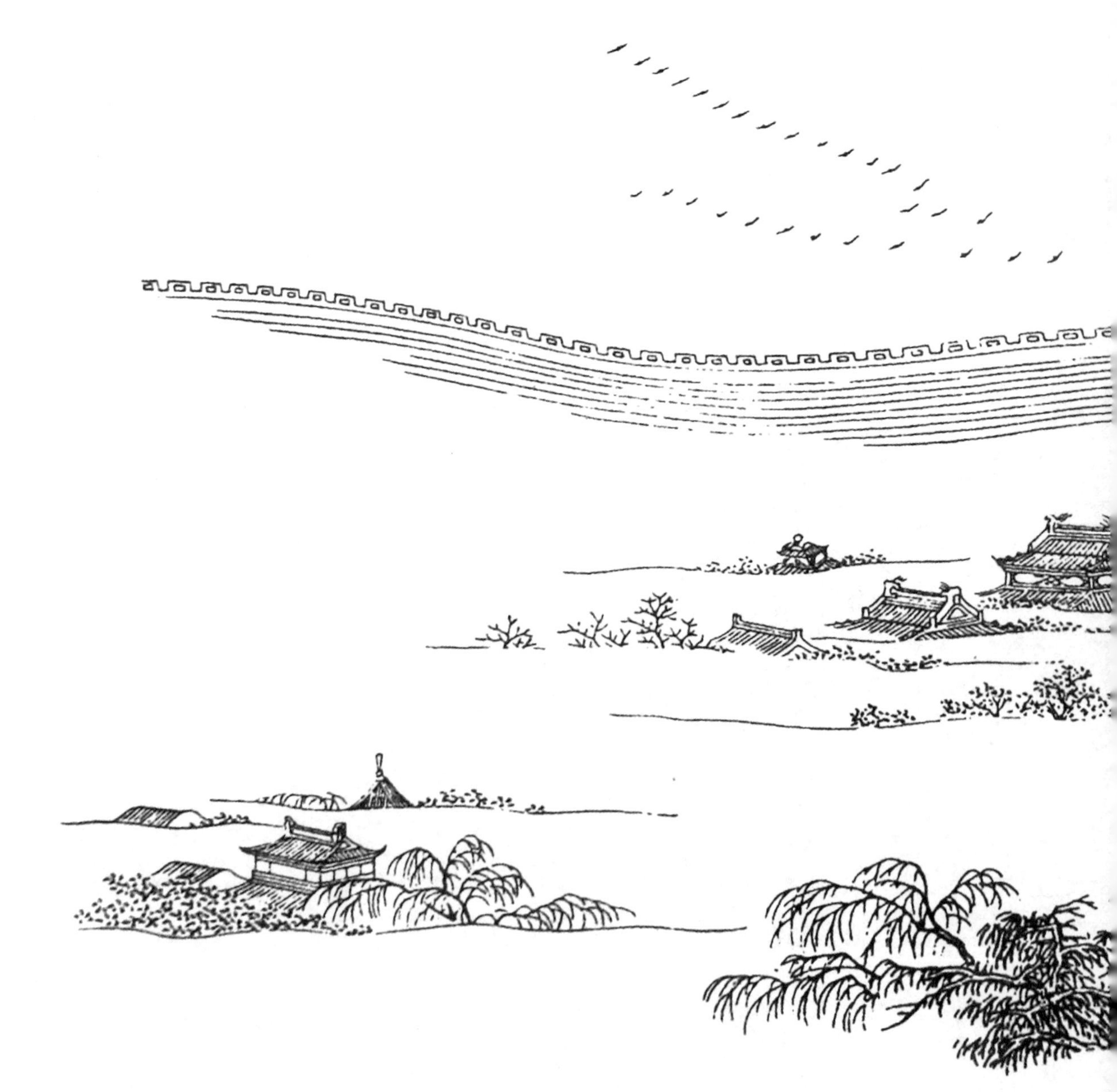

第二十三节　甘露寺铁塔图像

河南开封甘露寺始建于后晋天福年间，原名等觉禅院，宋代更名为上方寺，北宋庆历年间寺内建铁色琉璃塔。明末因水灾寺毁，仅余寺塔。清初修葺，称其为铁塔寺，乾隆巡幸后赐名为甘露寺。[①]《鸿雪因缘图记》中《铁塔眺远》一图描绘了甘露寺中的铁塔。塔高十三层，平面六边形，塔身覆盖铁色琉璃瓦，塔心内有盘旋磴道可直通塔顶。塔前为贡院，塔后可见城墙（图 12-23-1）。

①［清］麟庆撰，汪春泉绘：《鸿雪因缘图记》，北京：国家图书馆出版社，2011 年，第 290 页。